蛋鸭优良品种与高效养殖配套技术

主　编
李慧芳　宋卫涛　贾雪波
副主编
徐文娟　赵宝华　朱春红　丁贤群　陶志云
编著者
刘宏祥　章双杰　张小燕　王晓峰　俞　燕
范建华　张争鸣　许　明　王国俊　李　新

金盾出版社

内 容 提 要

本书由中国农业科学院家禽研究所专家编著。内容包括：我国蛋鸭生产概况，蛋鸭品种介绍，蛋鸭场建议，蛋鸭饲料配方设计与加工调制，蛋鸭饲养管理，蛋鸭人工孵化，蛋鸭生产中的疾病控制，蛋鸭场经营管理等。本书内容新颖，技术先进，实用性、可操作性强，可供养鸭场员工、技术人员阅读，亦可供农业院校相关专业师生阅读参考。

图书在版编目(CIP)数据

蛋鸭优良品种与高效养殖配套技术/李慧芳，宋卫涛，贾雪波主编．—北京：金盾出版社，2017.1(2019.2 重印)
ISBN 978-7-5186-1021-1

Ⅰ.①蛋…　Ⅱ.①李…②宋…③贾…　Ⅲ.①蛋鸭—良种②蛋鸭—饲养管理　Ⅳ.①S834

中国版本图书馆 CIP 数据核字(2016)第 253459 号

金盾出版社出版、总发行
北京市太平路 5 号(地铁万寿路站往南)
邮政编码：100036　电话：68214039　83219215
传真：68276683　网址：www.jdcbs.cn
北京万友印刷有限公司印刷、装订
各地新华书店经销
开本：850×1168 1/32　印张：6.625　字数：150 千字
2019 年 2 月第 1 版第 2 次印刷
印数：4 001～7 000 册　定价：19.00 元

目　录

第一章　我国蛋鸭生产概况

第一节　我国蛋鸭业生产现状

我国是世界上蛋鸭品种、饲养、消费、贸易第一大国。蛋鸭饲养业是我国农业的一个重要产业。据统计，我国蛋鸭年饲养量为3亿只左右，超过除我国之外的世界各国饲养量的总和。我国年产鸭蛋约300万吨，人均约2.5千克，不管总量还是人均水平都是世界第一。

我国蛋鸭品种(系)繁多，最新出版的《中国畜禽遗传资源志》(2011)中收录了13个蛋鸭品种。目前，蛋鸭生产中饲养的当家品种主要有绍兴鸭、莆田黑鸭、金定鸭、山麻鸭、缙云麻鸭、攸县麻鸭、连城白鸭、恩施麻鸭、苏邮1号蛋鸭配套系及绍兴鸭配套系等，其500日龄产蛋240～329个，总蛋重15～22.5千克，产蛋期蛋料比1∶2.65～3.30。

传统上我国蛋鸭在东南各省特别是华东地区饲养量最大，华中、华南、西南等地均有饲养，目前华北、东北和西北等地区利用饲料资源丰富的优势，饲养量也突飞猛进。目前，我国绝大部分农户的饲养规模为500～5 000只，比较适合大部分养殖户的综合经济能力和管理水平；大的公司规模1万～30万只，通过公司加农户的模式，最大的可达到100万只的数量，规模效益较为显著；在蛋鸭生产密集区，有些地区一个村的饲养量可达100万只，就形成了集市效应，围绕蛋鸭生产的各种服务比较齐全，包括饲料兽药供应、鸭蛋收购加工、全程技术服务、养鸭设备制作，甚至鱼鸭混养的养鱼技术服务等一应俱全，在这些地区，养鸭业成了当地的支柱产业，带动了区域经济的发展。

我国加入世界贸易组织之后，给蛋鸭业带来一个大发展的历史性契机：鸭蛋产品（皮蛋、咸蛋、糟蛋等）是我国传统的大宗出口产品，出口贸易量居世界首位，近年来我国鸭蛋加工产品年出口量达5万吨以上。在欧美日的华人社区、东南亚华人聚居区及我国港、澳、台地区都有巨大的市场，我国加入世界贸易组织之后，由于种种关税和非关税壁垒影响的消除，出口量大幅度增长。今后蛋鸭将是我国跻身国际市场的重要畜禽产品之一。蛋鸭总体上具有抗病力强、耐粗饲的特性，产蛋期配合饲料中无须添加抗生素和化学合成药物类添加剂，故鸭蛋是较为安全的绿色食品；鸭蛋和鸭肉在中医上为凉性食品，具有一定的保健功能，且风味独特，深受消费者青睐；鸭蛋消费主要通过加工成咸蛋、皮蛋等再制蛋实现，从而增加了附加值，延长了保质期，这不仅大大提高了抵御市场风险的能力，同时也使产品在较长时间内保持了优质性。

第二节　我国蛋鸭业发展趋势

在今后相当一个时期内，尽管在局部地区、局部时期会产生波动，我国蛋鸭生产仍是一个大发展的时期。随着蛋鸭育种和生产技术的发展，我国蛋鸭业将有以下几个发展方向。

一、蛋鸭生产中配套系的利用将逐步增多

目前，生产上还是采用单一地方品种为主，育种水平相对落后（与鸡相比），今后在生产上将根据各地的特点，利用各种专门化品系，进行配套杂交或经济杂交，加快遗传资源的利用。利用的基本模式是以当地品种母本，引入带有目标性状的品种作父本，进行杂

交利用。目前，仅有两个通过国家审定的蛋鸭配套系是苏邮 1 号蛋鸭配套系和国绍 1 号蛋鸭配套系，随着配套系的选育，将会出现不同特色的蛋鸭配套系。

二、蛋鸭笼养技术将大面积推广

蛋鸭笼养具有单位面积饲养量大、生产效率高、蛋品清洁、饲料报酬高、饲养管理方便、疫病控制容易及水源污染轻等优点。随着鸭蛋产品从农贸市场进入超市和国际市场，平养鸭蛋的蛋品卫生不符合要求，市场要求笼养鸭蛋。同时，在北方地区，环境气候条件一直是制约蛋鸭养殖业发展的一个重要因素，由于冬季持续时间较长，且气候寒冷，采用地面平养的饲养方式，由于难以调控舍内外的小气候条件，产蛋鸭一直处于不利环境的应激状态之中，影响了蛋鸭生产潜力的有效发挥，严重时甚至停产，极大地挫伤了蛋鸭养殖场（户）发展蛋鸭生产的积极性，导致了“南蛋北调，北料南调”这一不合理现象的长期存在，影响了资源的配置和合理利用，而蛋鸭笼养有效地克服了这一难题。有学者比较研究了在不同气候条件下采用不同饲养方式对蛋鸭产蛋性能影响，取得了较为满意的结果。北方笼养组除 500 日龄产蛋数和产蛋重略低于南方平养组外，其他性能指标均优于平养组。由于水资源保护已成为当今世界环保的当务之急，尤其在水源较为贫乏的地区问题更为突出，发展水禽不可避免地造成水源不同程度的污染（在水体较大、饲养密度合理的情况下进行鱼鸭混养时基本不对水源造成污染），笼养蛋鸭有利于水源的保护。

三、青壳鸭蛋生产将逐步增加

青壳蛋蛋壳厚度和强度优于白壳蛋，可减少加工及运输过程中损失，并且具有较高的营养价值；同时由于消费习惯的原因而受到绝大多数地区的欢迎，价格优势日益明显。研究测定表明，青壳鸭蛋与白壳鸭蛋的厚度分别为 0.34 ± 0.018 毫米和 0.31 ± 0.016 毫米，两者差异显著；蛋白质含量分别为 14.8%和 14.2%，青壳鸭蛋比白壳鸭蛋高 0.6%；锌、硒含量分别为 11.9、0.114 与 11.6 和 0.119 毫克/千克；除硒和赖氨酸含量略低于白壳蛋外，其余 15 种氨基酸及锌含量青壳鸭蛋均高于白壳鸭蛋。

四、蛋鸭人工授精技术亟待研发

蛋鸭人工授精可减少种公鸭饲养，节约生产成本，充分利用优秀种公鸭，防止在交配时传播疾病，控制鸭的交配体系，对每个种蛋进行标号，便于进行系谱记录，解决了笼养鸭的繁殖问题，减少鸭群的死淘率，提高受精率，解决公、母鸭个体相差悬殊不能进行自然交配的问题，扩大基因库，不受时空局限。因此，蛋鸭人工授精技术的推广势在必行，番鸭人工授精技术已成功应用于生产，但是蛋鸭人工授精技术尚未大面积推广。

五、无公害生产技术和标准化生产将得到广泛应用

为了消费者的健康和蛋鸭业的可持续发展，以及打破加入世界贸易组织后国际市场上的绿色壁垒，做好加入世界贸易组织以后与国际接轨产品的质量标准，蛋鸭业无公害、绿色以至有

机食品的生产势在必行，而目前广泛使用的人工合成的红心蛋添加剂等的使用将逐步减少。国内部分学者正在制定绍兴鸭的一系列标准，包括品种、饲养、饲料标准和饲养技术规范，待颁布后将严格按标准进行生产。其他蛋鸭品种的生产也将按相应的标准化体系进行生产。

第二章 蛋鸭品种介绍

第一节 地方品种

一、绍兴鸭

(一)产地及分布

绍兴鸭原产地为浙江省绍兴市，中心产区为绍兴、上虞、诸暨、萧山、余姚等市(县、区)；分布于浙江省、上海市郊县、江苏南部，河北、天津、辽宁、黑龙江等地也有分布。

(二)外貌特征

绍兴鸭体型小巧、体躯狭长，嘴长颈细，背平直、腹大，腹部丰满下垂，站立或行走时躯体向前昂展，倾斜呈45°角，似“琵琶”状。根据毛色特点不同，可分为“红毛绿翼梢系”、“带圈白翼梢系”和“白羽系”。

1. 红毛绿翼梢系 公鸭喙呈黄色，略带青色，羽色以麻栗色居多，胸、腹部羽色较浅，头部、颈上部、镜羽、尾羽和性羽均呈墨绿色，有光泽。虹彩呈褐色，皮肤呈淡黄色，胫蹼呈橘黄色，爪呈黑色。母鸭全身以棕红色雀斑羽为主，胸、腹部棕黄色，有光泽，喙呈灰黄色，喙豆呈黑色，虹彩呈褐色，皮肤呈淡黄色，胫蹼呈橘黄色，爪呈黑色。雏鸭绒毛呈暗黄色，有黑头星、黑背线、黑尾巴。

2. 带圈白翼梢系 公鸭羽色多呈淡麻栗色，头、颈上部及尾部均呈墨绿色，富有光泽，并有少量镜羽。喙、胫、蹼呈橘黄色，爪呈白色。母鸭以麻雀毛为主，颈中间有长短不一的白色羽毛圈，主翼羽和腹臀部呈白色。虹彩呈蓝灰色。皮肤呈浅黄色。喙、胫、蹼呈橘黄色，爪呈白色。雏鸭绒毛呈淡黄色。

3. 白羽系 公鸭全身毛色以白色为主，颈中间有长短不一的灰白色羽圈，头部羽毛呈灰白色，喙、胫、蹼呈橘红色。母鸭全身毛呈白色，喙、胫、蹼呈橘红色。雏鸭绒毛呈淡黄色。

(三)产蛋性能

绍兴鸭平均开产日龄 104 天，平均年产蛋数 307 个，平均蛋重 67 克；种蛋平均受精率 95%，平均受精蛋孵化率 89%，无就巢性。

二、金定鸭

(一)产地及分布

金定鸭原产地为福建省龙海市紫泥镇金定村，中心产区为龙海、芗城、同安、石狮、晋江、南安、惠安、漳浦、云霄、诏安等市(县、区)。国内除海南、新疆、西藏、台湾外均有分布。

(二)体型外貌

金定鸭虹彩呈褐色，皮肤白色，胫、蹼橘红色，爪呈黑色。

公鸭头大颈粗，胸宽背阔腹平，身体略呈长方形，腿粗大有力。喙黄绿色。头颈上部羽毛深孔雀绿色，具金属光泽。腹羽及臀羽灰白色、主翼羽黑褐色，副翼羽有紫蓝色的镜羽，主尾羽黑褐色，性羽 3～4 根。

母鸭身体窄长，腹部深厚钝圆，身躯丰满。羽毛为赤麻色，主翼羽有黑褐色斑块，副翼羽有紫蓝色的镜羽，头顶部、眼前部的羽毛有明显的黑褐色斑块，羽缘棕黄色。喙呈古铜色。

雏鸭绒羽呈黑橄榄色，有光泽。

(三)产蛋性能

经选育的金定鸭高产系50%开产日龄为139天,500日龄平均产蛋数为288个,平均蛋重72克,蛋壳颜色为绿色。公、母鸭配比1∶20时,平均种蛋受精率91%,平均受精蛋孵化率90%,每只母鸭可提供健康母雏95只左右。

三、连城白鸭

(一)产地及分布

连城白鸭原产地为福建省连城县,中心产区为莲峰、文亨、北团、四堡、塘前等乡镇,分布于连城县境内的17个乡镇。江苏、四川、浙江也有分布。

(二)体型外貌

连城白鸭公、母鸭外貌极为相似,体躯细长、紧凑,颈细长、胸浅窄、腰平直、腹钝圆且略下垂,躯干呈狭长形。全身羽毛紧贴,呈白色。头秀长;喙宽、前端稍扁平,呈黑色,部分公鸭喙呈青绿色。眼圆大、外突,形似青蛙眼。皮肤呈白色。胫、蹼均呈黑褐色,爪黑色。

成年公鸭尾端有3～5根卷曲的性羽。

雏鸭全身绒毛黄色。

(三)产蛋性能

连城白鸭见蛋日龄为90～100天,50%开产日龄为118～125天;300日龄平均产蛋数为122.5个,平均蛋重63克,500日龄产蛋数260～280个。在公母比例为1∶20～30(早春1∶20,夏秋1∶30)条件下,舍饲鸭群平均种蛋受精率87.5%,平均受精蛋孵化率90.8%;放牧鸭群种蛋受精率可达92%以上,受精蛋孵化率93%以上,无就巢性。

四、莆田黑鸭

(一)产地及分布

莆田黑鸭原产地为福建省莆田市灵川、黄石等乡镇，主产区为泉州市泉港区、莆田市、惠安县、石狮市、晋江市；分布于福州郊区、福清、长乐、连江、平潭、泉州、同安、南安等沿海地区部分市(县)。

(二)外貌特征

莆田黑鸭体态轻盈，活泼，行走迅速。头椭圆，眼突出有神，颈细长。全身羽毛着生紧密，呈浅黑色。喙略长，呈墨绿色。皮肤白色。胫、蹼、爪均呈黑色。

公鸭颈较粗短，头、颈部羽毛具有金属光泽，前躯比后躯发达，尾部有 3～4 根向上卷曲的性羽。

母鸭骨盆宽大，后躯发达。

雏鸭全身绒毛呈黑色。

(三)产蛋性能

莆田黑鸭见蛋日龄为 105～112 天，50%开产日龄为 120～130 天，300 日龄产蛋数为 138～145 个，500 日龄产蛋数为283～296 个；300 日龄蛋重 67～70 克。在舍饲公母比例 1∶20 的条件下，种蛋平均受精率为 95%，平均受精蛋孵化率为 90%。生产上公鸭一般 6 月龄开始配种，利用 1 年；母鸭可使用 2 年，无就巢性。

五、山麻鸭

(一)产地及分布

山麻鸭原产地为福建省龙岩市新罗区，中心产区为新罗区的龙门、小池、大池、曹溪、适中、铁山、雁石、红坊、白沙、苏坂等乡镇。20 世纪 80 年代以来，广泛被本省各地（市），以及广东、广西、江西、湖南、湖北、浙江、上海等江南蛋鸭主产省引进，分布于我国 12 个省（市）。

（二）体型外貌

山麻鸭喙豆呈黑色，虹彩呈褐色。皮肤呈黄色。胫、蹼呈橙黄色，爪呈黑褐色。

公鸭喙青黄色，头及颈部上段的羽毛呈光亮的孔雀绿色，且有一条白颈环。胸羽赤棕色，腹羽白色。

母鸭喙黄色，羽色多为浅麻色，少数褐麻色、杂色。

雏鸭绒毛灰黄色，背颈至尾部毛呈黑色。

（三）产蛋性能

圈养条件下，山麻鸭见蛋日龄 84 天，50％开产日龄 108 天；500 日龄平均产蛋数 299 个，蛋重 66～68 克。在公母比例 1∶30～35 条件下，种蛋受精率 85％～88％，受精蛋孵化率 86％～89％，无就巢性。

六、攸县麻鸭

（一）产地及分布

攸县麻鸭原产地为湖南省攸县境内的涞水和沙河流域一带。中心产区为攸县的网岭、丫江桥、鸭塘铺、大同桥、新市、石羊塘、上云桥等乡镇，邻近醴陵、茶陵、安仁、衡东等市（县）均有分布；重庆、江西、河南、广东、广西、贵州、湖北等省（直辖市、自治区）也有饲养。

（二）体型外貌

攸县麻鸭体型狭长，结构匀称，颈细短，羽毛紧密，虹彩呈浅褐色。皮肤呈白色，胫、蹼呈橙黄色，爪呈黑色。

公鸭喙呈青绿色，喙豆黑色，头颈上部羽毛呈翠绿色，富光泽，颈中下部有一圈白环，颈下部和前胸羽毛赤褐色，翼羽灰褐色。腹羽黄白色，镜羽、尾羽和性羽呈墨绿色，性羽 3～4 根并向前上方卷曲。

母鸭喙呈黄色，全身羽毛黄褐色，有黑色斑块，镜羽墨绿色。

雏鸭绒毛呈黄色。

(三)产蛋性能

攸县麻鸭 50%开产日龄：春鸭 130 天、夏鸭 150 天、秋鸭 180 天，500 日龄平均产蛋数 284 个，蛋重 61～62 克，料蛋比 2.93∶1；公母配比 1∶25，平均种蛋受精率 93%，平均受精蛋孵化率 85%；无就巢性。

第二节　培育品种

目前，通过国家新品种(配套系)审定的蛋鸭配套系为苏邮 1 号蛋鸭和国绍 1 号蛋鸭配套系。生产上，应用的蛋鸭配套系除了苏邮 1 号和国绍 1 号，还有利用绍兴鸭培育的江南 1 号、江南 2 号和青壳 1 号。

一、苏邮 1 号蛋鸭

(一)培育单位

苏邮 1 号蛋鸭配套系是江苏高邮鸭集团与江苏省家禽科学研究所等单位，针对我国蛋鸭消费市场需要，以我国地方鸭种质资源为育种素材，运用现代化配套系育种技术培育而成的高产青壳蛋鸭配套系。2011 年获得国家级新品种(配套系)证书。

(二)体型外貌

1. 父　系

(1)成年公鸭　头大颈粗,虹彩褐色;喙黄绿色,喙豆黑色;头部、颈上部羽毛为深孔雀绿色,具金属光泽;前胸羽、肩羽为红棕色,背羽为灰褐色。腹羽灰白色,并散而有细小灰黑色斑点;主翼羽黑褐色,副翼羽有紫蓝色的羽镜;后背部及尾羽深黑色,具金属光泽;性羽3～4根,黑色;胫、蹼橘红色,爪呈黑色。

(2)成年母鸭　头部清秀,虹彩褐色;喙古铜色,喙豆黑色;羽毛为赤麻色,似麻雀羽色,羽缘棕黄色,腹羽颜色较浅;主翼羽有黑褐色斑块,副翼羽有紫蓝色的羽镜,主尾羽斑纹面积较大;胫、蹼呈橘红色,爪呈黑色;蛋壳青色。

(3)雏鸭　绒羽黑橄榄色,有光泽;喙、蹼呈黄色,喙豆、胫、爪呈黑色。

2. 母　系

(1)成年公鸭　颈秀长,虹彩褐色;喙青黄色,喙豆黑色;头及颈部上段的羽毛为孔雀绿色,有光泽;前胸羽毛赤棕色,腹羽洁白。背羽、腹羽毛为灰棕色;尾羽及性羽全为黑色。胫色为橙黄色,爪色为黑褐色。

(2)成年母鸭　体型较小,头颈较长,前胸较小,后躯宽大,呈倒梯形。喙为黄色,喙豆黑色,虹彩褐色,母鸭全身羽色为麻羽,腹部羽毛较背部颜色稍浅;蛋壳颜色青色少而白色多。

(3)雏鸭　绒毛灰黄色,背颈至尾部毛基为黑色,喙、蹼灰黄色、爪黑色。

3. 商品代

(1)成年公鸭　公鸭头颈粗大;喙黄绿色,喙豆黑色;头部、颈上部羽毛孔雀绿色,且有光泽;胸、腹部羽毛红棕色;主翼羽黑褐色,副翼羽有紫蓝色的羽镜;性卷羽3～4根,黑色;胫、蹼橘黄色,爪呈黑色。

(2)成年母鸭　母鸭头部清秀，颈细长；喙青黑色，喙豆黑色；全身羽毛浅麻色；胫、蹼橘黄色，爪呈黑色。

(三)产蛋性能

配套系父母代开产日龄(50%产蛋率)103～105 天，开产体重 1 300～1 320 克，72 周龄产蛋数 310～317 个，种蛋合格率 95%以上，种蛋受精率 92%以上，受精蛋孵化率 93%以上，产蛋期成活率 98%以上。

配套系商品代平均开产日龄(50%产蛋率)117 天，平均开产体重 1 512 克，72 周龄平均产蛋数 323 个，平均蛋重 74.6 克，青壳率 95.3%，产蛋期成活率 97.7%，产蛋期饲料转化率 2.73∶1。

二、绍兴鸭配套系

江南 1 号蛋鸭、江南 2 号蛋鸭和青壳 1 号蛋鸭均由浙江省农业科学院畜牧兽医研究所主持培育成的高产蛋鸭配套系。江南 1 号、江南 2 号蛋鸭的特点是：产蛋率高，高峰持续期长，饲料利用率高，成熟较早，生命力强，适合我国农村的饲养条件，现已推广至 20 多个省(市)。青壳 1 号蛋鸭是在江南 2 号蛋鸭的基础上，根据消费者对青壳鸭蛋的特殊需求，引进了莆田黑鸭青壳蛋品系，进行配套杂交而成。

江南 1 号雏鸭黄褐色，成鸭羽深褐色，全身布满黑色大斑点。江南 2 号雏鸭绒毛颜色更深，褐色斑更多；全身羽浅褐色，并带有较细而明显的斑点。江南 1 号母鸭成熟时体重 1.6～1.7 千克，产蛋率达 90%时的日龄为 210 日龄左右，产蛋率达 90%以上的高峰期可保持 4～5 个月，500 日龄产蛋量 305～310 个，平均总蛋重 21 千克。江南 2 号母鸭成熟时体重 1.6～1.7 千克，产蛋率达 90%

时的日龄为180天左右，产蛋率达90%以上的高峰期可保持9个月左右，500日龄产蛋量325～330个，总蛋重21.5～22千克。

青壳1号蛋鸭的商品代的主要特点是早熟、蛋型较小，全部产青壳蛋，成年鸭羽毛大多呈黑色，体重1.4～1.5千克，500日龄产蛋数290～320个，产蛋总重20～22千克，适宜于市场需求青壳蛋的地区推广。

国绍1号蛋鸭配套系是结合现有绍兴鸭、山麻鸭等优良地方蛋鸭种质资源，以提高蛋鸭养殖效益、产品品质为主要目的培育的三元杂交配套系。配套系商品代蛋鸭，体型中等，体躯狭长，嘴长颈细，背平直腹大，臀部丰满下垂。全身羽毛为褐麻色；虹彩呈褐色；喙黄色，喙豆黑色；胫、蹼呈橘黄色，爪呈黑褐色，皮肤黄色。开产日龄108天左右，500日龄产蛋数可达到300～320个，青壳率98%以上，产蛋期蛋料比1∶2.65，入舍母鸭成活率达到98%。

第三节　引进品种

咔叽·康贝尔鸭简称康贝尔鸭，原产于英国，由英国的康贝尔氏用印度跑鸭与法国鲁昂公鸭杂交，其后代母鸭再与绿头野鸭公鸭杂交于1901年育成；有黑色康贝尔鸭、白色康贝尔鸭和黄褐色康贝尔鸭(即咔叽·康贝尔鸭)3个品变种。国内咔叽·康贝尔鸭为从荷兰引进，现主要分布在江苏和福建等地。咔叽·康贝尔鸭具有产蛋性能较好，皮薄骨细、瘦肉多、脂肪少的特点。

咔叽·康贝尔鸭体型中等，体躯深长而结实，胸腹部饱满。头部清秀，颈略细长，喙中等大，眼大而明亮；背宽广、平直、长度中等；胸部饱满，腹部发育良好；两翼紧贴体躯；两腿中等长，站距较宽。公鸭头、颈、翼、肩和尾部羽毛都呈青铜色，有光泽，其余羽毛深褐色；喙绿蓝色，胫、蹼橘红色。母鸭羽毛褐色，有深浅之别，头颈羽色较深，翼黄褐色，无镜羽；喙绿色或浅黑色，胫、蹼深褐色。

雏鸭绒毛深褐色，喙、脚黑色，长大后羽色逐渐变浅。

咔叽·康贝尔鸭平均开产日龄 130 天，平均年产蛋 260 个以上，平均蛋重 70 克以上，总蛋重 18～20 千克；蛋壳白色。公母配比 1∶15～20，平均种蛋受精率 85％。公鸭利用年限 1 年；母鸭第一年生产性能较好，第二年生产性能明显下降。

第三章 蛋鸭场建设

第一节 蛋鸭场环境与条件

鸭场是蛋鸭生活和休息的场所，适宜的场地环境与条件及合理的鸭舍布局，不仅可以使蛋鸭发挥正常生产性能，还可以提高饲养管理工作效率及经济效益。因此，场址的选择要根据鸭场的性质、自然条件和社会条件等因素进行综合权衡而定。蛋鸭场环境要求除符合《农产品安全质量 无公害畜禽产地环境要求》和《动物防疫条件审核管理办法》的规定外，通常情况下，场址的选择必须考虑以下几个问题。

一、鸭场场址

蛋鸭养殖场的主要任务都是为城镇居民提供新鲜的鸭蛋，场地的好坏直接影响蛋鸭的生长发育和生产性能的发挥，也影响饲养管理工作的效率和经济效益。因此，在选择鸭场场址时要进行周密的考虑，既要考虑服务方便，又要注意城镇环境卫生，还要考虑场内蛋鸭群的卫生防疫。

(一)蛋鸭场选址基本要求

1. 节约土地 鸭场建设所用土地面积大小，应根据鸭场的性质、规模、饲养方式、鸭舍建筑形式等要求，进行合理规划，尽量节约土地，从而减低建设成本。鸭场的饲养规模和饲养方式是决定鸭场大小的主要因素，比如大棚散养，圈养、笼养等饲养方式，可造成鸭场面积 30%～100% 的差异。如果建设育种场，鸭舍建筑面积仅占整个育种场面积的 1/10 左右。

2. 电力、交通方便 鸭场周边应交通方便，电力供应充足。场址要与物资集散地近些，与公路、铁路或水路相通，有利于产品和饲料的运输，降低成本。为防止噪声和利于防疫，鸭场离主要交通要道至少 2 000 米，同时要修建专用道路与主要公路相连。电是现代养鸭不可缺少的动力。工厂化养鸭场除要求有电网线接入外，还必须自备发电设备。

3. 便于管理 鸭场布局设计合理，育雏舍、育成舍、种鸭舍、商品鸭舍、孵化场要分开，各自相对独立，鸭舍的建筑要求规范化，各类建筑分布合理，同类建筑规格一致，利于管理。

4. 便于防疫 为防止疫病的传染和散播，鸭场选址应选择在生态环境良好、无污染的近郊地区，一般以距城镇 10～20 千米为宜，种鸭场可离城镇远一些。鸭场周围 500 米范围内及水源地没有对环境构成威胁的污染源，如工业"三废"及农业、城镇生活、医疗废弃物。鸭场 1 千米以内无其他禽类养殖场、屠宰加工场。鸭场的选址还应符合当地政府有关部门规划和布局的要求，比如避开水源保护区、风景名胜游览区、人口密集区等环境敏感区域，符合环境保护要求。

(二)鸭场地势

鸭场建筑的基本要求，冬暖夏凉，空气新鲜，光线充足，便于操作，易于清洁消毒，能防潮湿、防兽害，投资省，效果好。因此，鸭舍场地应符合以下几个条件：

1. 地势较高、地面干燥 鸭场地势应略高，至少高出当地历史洪水的水平线，以利排水，保持干燥。鸭场土质最理想的是沙质土壤，质地疏松，透水性强，排水良好，能经常保持地面干燥，便于清洁卫生。鸭舍应坐北向南或向东南，以期冬暖夏凉。

2. 靠近水源、依坡通水 鸭是水禽，水是鸭群日常生活不可缺少的条件。对鸭来说，不但陆地运动场不可缺少，而且水上运动场更为重要。鸭舍应建在河流、湖泊、水池或水溪附近，以流动水源最为理想。水深要求1米，水面宽度要求与鸭舍宽度相同，水中最好有水草，水质洁净，不应有影响鸭群健康的工业废水或污染病菌、病毒及寄生虫等。运动场应依坡通水，坡度不超过30°。场地和坡应用砖砌，以便鸭群上下。地面应平坦，以便于鸭群行走和便于清扫卫生。

3. 交通方便、相对僻静 鸭场会有大量的饲料、垫料和产品进出，所以必须运输方便，但又要远离机场、铁路、工矿区、闹区等，以避免噪声、灯光和其他应激因素，而有利于鸭的正常生产和卫生防疫。另外，鸭场不宜建在畜禽屠宰场、加工厂等附近，以免病原微生物的污染和传播疾病。

二、鸭场水源

（一）鸭场水源要求

水源是蛋鸭场选址首先要考虑的问题。鸭为水禽，因此场址一般应建在靠近河流、沟渠、水塘和湖泊的地方，水面尽量宽阔且水流平缓，水深1米左右，不宜过深。水源应无化学工业、生活污水及医疗废弃物等污染。鸭场附近无畜禽加工厂、化工厂、农药厂等污染源，距离居民点也不能太近，尽可能建在工厂和城镇的上游。大型鸭场最好能自建深井，以保证用水的质量。蛋鸭饮用水质量应符合《（NY 5027—2008）无公害食品　畜禽饮用水水质》农业行业标准的要求（表3-1）。

表 3-1　家禽饮用水水质标准

项　目		标准值
感官性状及一般化学指标	色，度	≤30 度
	浑浊度，度	≤20 度
	臭和味	不得有异臭、异味
	肉眼可见物	不得有
	总硬度(以 $CaCO_3$ 计)，毫克/升	≤1500
	pH 值	6.5～8.0
	溶解性总固体，毫克/升	≤2000
	硫酸盐(以 SO_4^{2-} 计)，毫克/升	≤250
细菌学指标	总大肠菌群，个/100 毫升	≤10
毒理学指标	氟化物(以 F^- 计)，毫克/升	≤2.0
	氰化物，毫克/升	≤0.05
	砷，毫克/升	≤0.2
	汞，毫克/升	≤0.001
	铅，毫克/升	≤0.1
	铬(六价)，毫克/升	≤0.05
	镉，毫克/升	≤0.01
	硝酸盐(以 N 计)，毫克/升	≤3.0

(二)水源保护

1. 井水　钻井取水，应尽量避免低洼、沼泽地易积水的地方。由于井水距离地表较近，因此要采取适当的措施以保护水源的清洁。井台周围 20～30 米范围内不得设置渗水厕所、粪坑、污水坑、垃圾堆等污染源。井与蛋鸭舍的距离保持在 30 米左右。严禁在井旁 3～5 米区域内洗衣、倾倒污水和堆放垃圾等。有条件的鸭场可修建井台，并加盖井盖，最好用封闭式井水抽出直接进入鸭舍内。

2. 河水　如果采用河水作为水源，取水点应设在污水排放口和码头的上游。取水点附近20米以内不得有生活垃圾、厕所或粪坑等污染源。

(三)水源消毒

养殖场饮用水消毒的目的是杀灭或除去水中的致病微生物，防止动物饮用后发生传染性疾病。水中的致病微生物的种类有致病性的细菌、病毒和原虫。引起人或动物发病的传染病有多种是经水传播的，养殖场生产过程中使用已被污染的水可能引起多种疾病的发生和传播。动物的饮用水和人的饮用水卫生安全指标是一致的。《生活饮用水卫生标准》(GB 5749—2006)规定饮用水消毒细菌学指标应达到如下标准：菌落总数≤100单位/毫升；总大肠菌群不得检出；游离余氯在与水接触30分钟后应不低于0.3毫克/升，集中式给水除出厂水应符合上述要求外，管网末梢水不应低于0.05毫克/升。

氯制剂用于饮用水消毒是各国广泛采用的方法之一。常用氯制剂有二氯异氰尿酸钠和二氧化氯等。使用二氯异氰尿酸钠粉(如消毒威，30%)消毒饮用水，应根据水源水质的不同，相应地调整消毒威的添加量。如井水非常洁净，几乎不含有机质和病原微生物，对有效氯的消耗也少，每立方米水加2～3克消毒威，即添加有效氯至0.6～0.9毫克/升，余氯浓度即可符合国家标准；自来水已经过消毒，按国家标准在出水口余氯不得低于0.05毫克/升，故只需添加消毒威2～3克，即可使余氯浓度达到0.6～0.9毫克/升；地表水(池塘水、河水等)含有机质等杂质较多，携带的病原微生物多，必须先经过净化处理，沉淀、除去杂质后，再经消毒程序，动物方可饮用。在实际应用中，视水质状况的不同，加入消毒威的量应做相应调整，一般以每立方米水加入消毒威4～15克为宜，若加入 13 克的消毒威，有效氯浓度为 4 毫克/升，可达到良好的消毒效果。消毒威的添加量是否适宜，一个简单的判断方法是：以加入消毒威处理饮用水 10 分钟后，以手蘸水，能闻到轻微的氯臭味为宜。加入消毒威的量不宜太多，太多则氯在水中的残留多，以致饮用水口感不好并有难闻的气味，影响动物的饮用。使用时应先将消毒威用适量水溶解，再倒入水中，使之能分散均匀。

二氧化氯（以绿力消为例，含二氧化氯 8%）是一种广谱、高效、速效、低毒的消毒剂，是目前世界卫生组织认定的唯一 A_1 级安全消毒剂，是城市直饮水广泛采用的消毒剂，在实际使用过程中，采用绿力消进行饮用水消毒，同样应视水源水质不同来确定绿力消的添加量。每立方米井水、自来水添加绿力消 3～5 克；地表水（池塘水、河水等）同样需先经过净化处理，沉淀、除去杂质后再加入绿力消进行消毒，一般以每立方米水加入绿力消 6～15 克为宜，若加入 15 克的绿力消，二氧化氯浓度为 1.2 毫克/升，对中度污染的水源可达到良好的消毒效果，加入的绿力消稍过量不会产生难闻的气味。使用时应先用适量水按说明将绿力消活化使之产生二氧化氯。如果绿力消不经活化直接加入大量水中，其中的亚氯酸盐不能转化为二氧化氯，将会严重影响绿力消的消毒效果。

另外，碘制剂（以碘酸为例，碘酸总含量 15%）也是常用的饮用水消毒剂，特点是碘酸所含的碘对病毒有良好的杀灭能力，且在水中易被消耗，不会产生三氯甲烷等副产物；所含的表面活性剂具有持久的抑菌能力。井水、自来水等洁净水源每立方米水添加碘酸 50 克，地表水（池塘水、河水等）经净化处理后视水质状况可适当加量，以每立方米水添加 100～200 克为宜。经试验，每立方米水碘酸添加量加大至 200 克，未发现饮用水有异常气味，也未发现动物有拒饮现象。

蛋鸭场的消毒要轮换使用不同的消毒剂，饮用水的消毒剂也要进行轮换，以达到良好的消毒效果。无论使用何种消毒剂，均应将消毒剂适当稀释后再加入到饮用水中，以使消毒剂能均匀分散。

三、控制环境，降低应激

近年养鸭业的迅速发展，带来了环境污染的问题，也影响了养鸭业自身的发展。鸭群的新陈代谢、粪尿和垫料污染，生产过程中产生的粉尘、废气、病原微生物和蚊蝇大量繁殖使环境严重恶化。这些废弃物和病原微生物充斥在鸭舍内外环境中，造成场地、空气、水源和土壤污染，时间愈长，对环境的污染愈严重。鸭群长期生存在恶劣的污染环境中，必然会出现疾病，生产率下降，某些鸭群甚至出现多因素、多病原体的疫病或病原基因变异，这也是近年一些疫病流行的主要原因。洁净的环境能较好地避免鸭群疫病的发生或传播，促进鸭群健康成长，防治药物减少，降低生产成本，产品质量也会得到提高。因此，养鸭场及早防止环境污染，大力推广和应用先进的绿色环保技术，变恶性循环为良性循环，利用现代科学技术，实行无污染生产，这不仅是满足人们生活对绿色环境和绿色畜禽产品的需要，也是实现养鸭场自身生存和可持续发展的需要。

(一)应激对鸭的影响

应激是指畜禽因受外界异常因素的刺激所产生的非特异性反应，由于突然驱赶，追打，强烈噪声，拥挤，过强光照或突然停电，通风不良(氨味过浓)，蛇鼠及野兽伤害，饲养中营养缺乏等原因引起动物神经过度兴奋，使动物出现惊叫、逃窜、飞扑、打斗等现象。应激几乎动员了动物的所有系统，并导致动物心理、生理和行为发生变化。

(二)应激的种类

应激根据刺激因素来源和性质的不同分为以下几种：

1. 生理性应激　指能引起动物体调节失控，内分泌失调的应激。

2. 环境性因素　因环境因素所致如温度、湿度、通风、光照，有毒有害物质过量。

3. 管理性应激　由管理因素所致，如饮水、饲料变化，运输，转群，免疫，噪声，高密度饲养，啄癖，更换饲料，断水禁食，强制换羽，更换饲养员，疫苗接种，育种引起的失衡现象（或超负荷现象）等。

4. 传染性应激　一般是致病微生物所致。

5. 营养性应激　是指营养不足或不平衡，抗营养因子等。

（三）应激的危害

动物在应激期间将丧失非必需代谢基本功能，如免疫功能、生长与繁殖等，而保持散热、血液流动和呼吸等必需代谢基本功能。因此，应激因子导致营养和身体储备从具有经济意义的性状转向维护生存的基本功能。蛋鸭应激在夏季尤以温度、光照、饲料、饮水等影响尤为突出，尤其是环境温度过高会导致蛋鸭生理功能紊乱，采食量下降，轻者产蛋下降，抵抗力下降；重者导致啄羽，甚至死亡，从而造成经济损失。在蛋鸭的产蛋期，即使应激强度不大，持续或间断反复引起的轻微反应，也会由于机体不断做出适应的努力，形成不良累积效应，致使其生产性能下降，防卫功能减弱，容易继发感染，引起各种疾病的发生。产蛋鸭表现为产蛋率急剧下降，部分鸭产畸形蛋。蛋鸭表现骚动不安，拥挤扎堆，厌食或拒食。如果应激反应引起现象超过有机体适应系统的可能性，蛋鸭就会出现死亡。若蛋鸭提高了对应激反应的抵抗力，会逐步适应应激反应的环境，并逐步恢复采食正常，鸭群表现相对安静，产蛋率也逐步回升。若应激反应发生作用持续时间很长或激烈，则蛋鸭机体抵抗力继续下降，随之暴发疾病或衰竭死亡。

（四）消除应激的措施

第一，在鸭舍选址和建设上应选择地势高燥、水源充足、远离公路及村庄（最少 500 米）的地方；鸭舍通风透气性能良好，防止过分潮湿和氨气含量超标；嬉水泳池及休息运动场所适宜。

第二，在管理上要注意防寒、防暑和气候变化，保持适宜的温湿环境；防止噪声和骚扰，保持安静舒适的休息环境；饲养密度适中，防止拥挤；保证饲养人员和作息时间的相对稳定。

第三，在饲养上要根据蛋鸭的不同生长与生产时期，制定科学合理的饲料配方，满足产蛋鸭的生长和生产的营养需要；避免大幅度调整饲料品种或营养水平；饲料转换要循序渐行；杜绝饲喂霉变或劣质饲料。

第四，在动物防疫上要尽量避免在鸭舍内追逐捕捉病鸭，尽量避免对全群鸭进行注射治疗，免疫接种应在开产前完成。

第二节　鸭场规划与布局

一、鸭场的规划

在设计鸭场的区间布局时，应着重考虑四个方面：一要便于搞好防疫卫生工作，规划时要充分考虑风向和地势的关系；二是生产区应按作业的流程顺序安排；三要便于管理，有利于提高工作效率，照顾各区间的相互联系；四要降低基建投资费用。

鸭场的布局规划要考虑到场内的生产区和生活区要分开，注意鸭群的卫生防疫。具体规划时，要将养鸭场各种房舍分区规划，就地势高低和主导风向，将各种房舍依防疫需要的先后次序，进行合理安排（图 3-1，图 3-2）。如果地势和风向不一致，按防疫要求不好处理，则以风向为主，地势服从风向。按主导风向考虑，行政区应设在生产区风向平行的一侧，生活区应设在行政区之后。按河道的上、下游考虑，育雏舍、育成舍应在上游，蛋鸭舍在其后，种鸭与上述各鸭舍应有300米以上的距离，行政区和生活区应远离鸭舍。

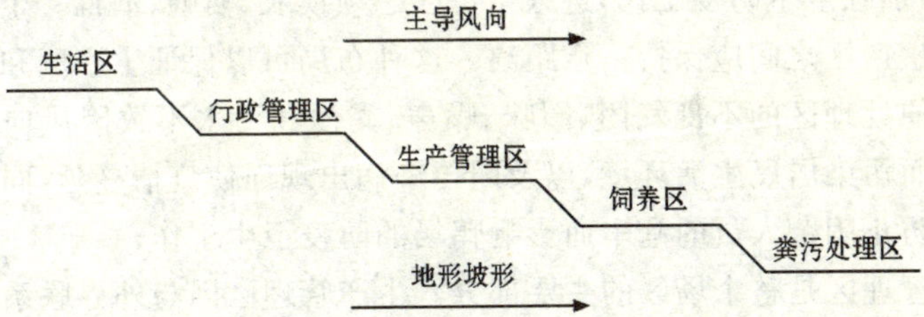

图3-1　鸭场按地势、风向分区规划示意图

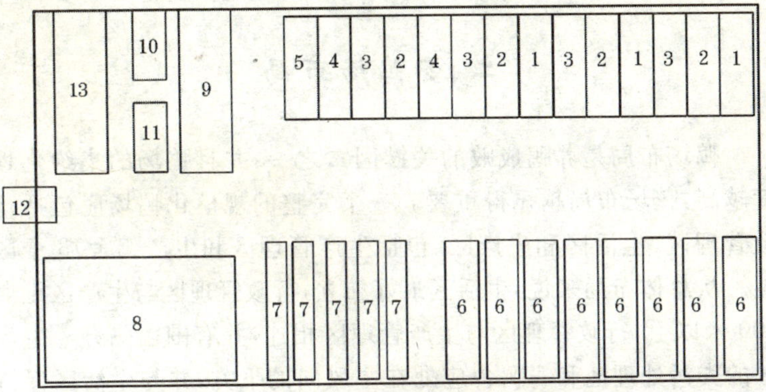

图3-2　蛋鸭场总平面布局示意图

1. 成年种鸭舍　2. 陆上运动场　3. 水上运动场　4. 种雏鸭舍　5. 幼雏鸭舍　6. 蛋鸭舍　7. 水域　8. 饲料库　9. 孵化区　10. 兽医室　11. 更衣消毒室　12. 入口及门卫　13. 办公及生活楼

为便于作业考虑，饲料库应位于生产区和行政区之间，并尽可能接近耗料最多的鸭舍；从防疫角度考虑，场内道路应分清洁道（净道）和非清洁道（污道），两者互不交叉，净道用于运输活鸭、饲料、产品，污道用于运输粪便、死鸭等污物。各个区之间应有围墙隔离，并在中间种植花草，设置绿化地带，尤其是生产区，一定要有围墙，加强卫生防疫工作，进入生产区必须换衣、换鞋、消毒。生活区和生产区之间应保持一定距离。这种布局可以保证生产区和病鸭粪便处理区的不良气团、圈味、噪声、粪便和污水不致因风向或地势而污染居民生活环境，以及因传染病出现而使疫情蔓延，同时也可防止闲杂人员的乱串而影响鸭场的防疫卫生工作。

管理区是整个场区的主要部分。生产管理区因与外界联系密切，一定要考虑到与附近的交通干线、输电线、通信线路保持最近的距离。规模化、集约化鸭场还包括鸭产品加工和贮存，一般可设在管理区内；也可单独组成一区，不设在生产区内。

二、蛋鸭场布局

鸭场布局是养鸭成败的关键因素之一，并且鸭场的集约化程度越高，鸭场布局越显得重要。一个完整的规模化鸭场应包括行政管理区、生活区和生产区（包括生产管理区和生产鸭舍）3 个区域。从总体布局来说，生活区最好独立，行政管理区与生产区距离 100 米以上，行政管理区与生产管理区相连，并有围墙隔开。生产区的粪污处理池和病鸭舍应处在主风向的下方，并与生活区保持较大的距离。

（一）行政管理区

包括办公室、财务室、供销室、资料室和值班门卫室等。

(二)生活区

包括职工食堂、宿舍、文化娱乐室、医务室及其他的生活服务设施和场所等。

(三)生产区

包括生产管理区(饲料库、产品库、配电室、水塔、水泵房、锅炉房、机修室、车库、更衣室和消毒室等)、生产鸭舍(育雏舍、育成舍、产蛋舍、种鸭舍)、孵化场、兽医室、病鸭舍、粪污处理池等。

生产鸭舍按照不同功能可分为育雏育成区、成年鸭生产区、孵化区和排污区。育雏育成区,即育雏育成鸭舍所在的区域,也可分为育雏和育成两个生产小区。成年鸭生产区,即种鸭舍所在区域。孵化区主要包括种蛋库、孵化室、出雏室、存雏室、清洗室和更衣消毒室等。排污区包括粪便、污水排放、处理,以及病死鸭处理设施与场地。

鸭场道路也是生产鸭舍的主要组成部分。规模化养鸭场的运输非常繁忙,主要用于运输饲料、商品鸭、种蛋及生活生产用品等。从鸭场的防疫角度出发,应将鸭场的道路划分为净道和污道。其中,净道用于运输饲料、商品鸭、产品、种蛋等清洁物品;污道用于运输鸭粪、病死鸭等。总体布局是,将净道和污道互相分开,不能有交叉。外来人员及车辆一般不进入生产区,如必须进入时,必须经过清洗消毒。

三、孵化区布局

一个合理的孵化区布局结构,可以为孵化机提供一个良好的工作环境,使孵化机充分发挥功能,所以必须合理地规划和建造孵化区的孵化场。

（一）孵化区的设计布局和注意事项

第一，孵化区要选在远离居民区、交通方便、远离道路的地方。

第二，孵化区的工作环境要求地势高，干燥，阳光充足。尽可能做到冬季不遮光，夏季不挡风，雨后不积水。面积较大，留有发展余地。

第三，孵化区的工作环境要求水资源丰富无污染，便于取用，电力充足有保障。

第四，孵化区房舍要求结构实用、经济，既省资金，又省能源，其朝向符合当地自然和生理条件，采光好，易于通风，便于操作，做到夏季有利于防暑降温，冬季有利于保温防寒。

第五，孵化区布局要合理，做到生产区与非生产区分开，非生产区和水源处于孵化场的上风向。

第六，了解当地禽病流行的情况，孵化区尽量避开疫区或曾发生过疫情的地区。不要小鸭刚孵化出来，就得病。

第七，孵化区要避开城市污染区，采取适当的环保措施，尽量减少对环境的污染。

（二）孵化区的设计

1. 总体要求

①满足孵化区工作的需要。

②留有技术改造的余地，便于扩大再生产施工，节约资金和能源。

③符合孵化区工作场所的总布局要求。

2. 孵化区建设的方式 孵化区按类型分封闭式和开放式，封闭式孵化区的孵化场所四周无窗，采用人工光照，机械通风，为耗能型孵化场，小气候环境易控制，易管理。开放式孵化区有窗，是利用外界自然资源的节能型孵化场。一般无须动力通风，充分采用人工照明。缺点是受外界影响大。

孵化区结构的设计是建立在孵化区最佳环境的理性指标和建筑造价经济指标二者兼顾的基础上的，主要涉及孵化场所的通风换气、保暖、降温、给排水、采光等因素。

3. 通风换气　通风换气的目的是尽可能排除孵化区工作场所内污浊空气，引进新鲜空气，保持舍内空气清新，降温、散湿，降低孵化机的机体温度，这是衡量孵化区工作环境的第一要素。

（三）布　局

孵化区各室的面积根据孵化机的数量和所用设备条件决定。一般来说，如果室内只放一台孵化机时，机器前后宽 2 米；若孵化机一侧开门，则设备单侧放置，一侧保留 2～2.5 米宽的走道，并在另一侧留 0.8～1 米的道路；如果孵化机两侧放置，在中央设 3～3.5 米宽的走道，以便操作。

孵化区内各种建筑设施的布局一定要符合单向流程作业程序，即保证人和空气的流向、冲洗消毒的作业程序，以及污物、废物处理的无污染性，总体设计不准出现交叉污染的问题。孵化区的单向流程作业程序为：种蛋从种鸭场运来后，先进入种蛋接收室，根据种蛋的批次进行分选码盘，进入种蛋熏蒸消毒间进行熏蒸消毒，然后进入蛋库存放，上孵时从蛋库将种蛋推入预温间，预温后推入孵化器孵化，26 天后移入出雏器，出雏后雏鸭送入雏鸭分选室，分选后进行必要的免疫等，最后存入待运间，等待发运。较小的孵化区可采用长条流程布局；但大型孵化区，则应以孵化室、出雏室为中心，根据生产流程确定孵化区的布局，安排其他各室的位置和面积，以减少运输距离和工作人员在各室之间不必要的往来，提高房室的利用率，有效改善孵化效果。孵化区地面应是水泥的，最好是水磨石面，各厅室地面要设 0.5°～1°的坡度，不能积水，如图 3-3 所示。

<table>
<tr><td>种蛋消毒室</td><td colspan="2">种蛋处理室</td><td>冷藏室</td><td rowspan="3">孵化室</td><td rowspan="3">出雏室</td><td rowspan="2">雌雄鉴别室</td><td rowspan="2">存雏室</td></tr>
<tr><td rowspan="2">办公室</td><td colspan="2">休息室</td><td></td></tr>
<tr><td>洗手间</td><td>清洁更衣室</td><td>维修贮藏室</td><td>洗涤室</td><td>配电室</td></tr>
</table>

图 3-3　孵化区总体布局示意图

第三节　鸭舍建筑设计要求与类型

一、鸭舍建造时应考虑的几个问题

现代鸭舍建筑的基本要求是保温防暑，防潮，光线充足，易于饲养管理及经济合理。建设鸭舍时应考虑以下几个问题。

(一)不同类型鸭舍的比例

根据蛋鸭育雏、育成、产蛋等不同饲养阶段的特点，设计合理的鸭舍比例，一般情况下育雏鸭舍∶育成鸭舍∶产蛋鸭舍的比例大约为 1∶2∶8，不同建筑类型的养鸭场可根据实际情况进行调整。

(二)鸭舍的朝向

鸭舍朝向的选择与通风换气、防暑降温、防寒保暖及采光等密切有关。适当的朝向选择，能增加对太阳光、热能及主导风向的利用。

太阳光是促进鸭正常生长发育，提高产蛋量等不可缺少的因素，而且还有杀菌作用。我国大部分地区处于北温带，夏季炎热，冬季寒冷，从防暑降温和防寒保暖角度出发，鸭舍应偏南朝向。当然各地区要按照不同的条件进行具体分析。例如，有的地区，从鸭舍通风换气角度看应朝向西南，但朝向西南会使夏季防暑降温出现困难；当主导风向并不明显时，可改为朝向东南，有利于夏季防暑降温和冬季防寒保暖。

鸭舍的朝向与排除污浊空气的效果也有密切关系，这种效果取决于鸭舍与主导风向的夹角。如果鸭舍朝向与主导风向夹角呈0°，从窗口而入的气流则以最短路线到达对面窗口而流出，形成“滞流区”。当朝向与主导风向夹角呈90°时，即鸭舍主轴方向与风向平行，两侧窗的风压相等，此时通风效果最差，几乎等于零。当朝向与主导风向夹角呈45°时，滞流区最小，通风效果也最佳。从防止冷风的渗透和加强排污效果等因素综合考虑，鸭舍朝向应与主导风向呈30°～45°角为宜。

（三）鸭舍间距和生产区道路

根据防疫、排污和防火要求，设计合理的鸭舍间距。一般取鸭舍高度的3～5倍作为鸭舍间距的合理距离。生产区的道路分为净道和污道两种。净道专供运输鸭蛋、饲料和转群之用，污道专用于运输鸭粪和淘汰鸭。

（四）饲养方式

一般来说，蛋鸭的饲养方式主要分为平养、笼养和圈养3种方式。几种饲养方式鸭舍的比较，见表3-2。

表3-2 不同饲养方式的鸭舍的比较

方式	地面要求	优点	缺点
平养	大棚鸭舍，地面需经常更换垫料	成本低，投资省，充分利用养殖环境资源，开展立体养殖	环境污染，养殖环境资源依赖性强，占有量大，鸭蛋污染，疫病风险高

续表 3-2

方　式	地面要求	优　点	缺　点
圈　养	房屋鸭舍，地面要求防水硬质地面	保温好，产蛋环境好，产蛋率高，节约垫料	前期投资大，鸭粪处理难，鸭蛋污染
笼　养	房屋鸭舍，地面要求视笼具及清粪要求而定	密度大，效率高，管理方便，鸭群发育整齐，污蛋少，饲料报酬高	卫生条件及管理水平要求高，饲料全价，一次性投资费用高

(五)鸭场绿化

通过绿化，不仅可以改善鸭场环境条件和局部小气候，净化空气，美化环境，同时也能起到隔离作用。鸭场的绿化布局要根据不同地段的不同需要种植不同种类的树木，以发挥各种树木的功能。

二、不同鸭舍的建筑要求

(一)简易鸭舍

简易鸭舍属于敞开式鸭舍，常见于南方地区，可分为拱形鸭棚和行棚，靠水源搭建。拱形鸭棚属于一种较固定的简易鸭棚，用竹子构建，一般高 2 米，长度为 8～14 米，宽度 7～8 米，可饲养鸭 400 只左右。顶棚采用芦苇铺盖而成，其上再覆盖油毡以防雨雪。四周用编织的草帘做墙壁。鸭舍地面的墙角要用沙土夯实，以防兽害，地面上铺厚垫草。这种简易鸭棚由于是草帘做墙，夏季可以卸下，加大通风，冬季可加密，再加一层油毡加强保温。因此，具有取材方便、经济实惠、通风良好、光线充足，同时又具有良好的保温和隔热性能等优点，在我国东南各省被广大养殖户采用，效果良好。在我国南方地区用的较多的另一种简易鸭舍为行棚，是一种活动的鸭舍，适用于规模不大的鸭群。用竹竿或木条搭建而成，呈弓形，上面盖上塑料布即可。

（二）固定鸭舍

固定鸭舍按照用途分为育雏舍、育成鸭舍、种鸭舍、产蛋鸭舍及孵化场等。一个完整的鸭舍通常包括鸭舍、陆上运动场和水浴池三部分（图 3-4）。这几种鸭舍的要求各有差异，但最基本的要求是遮阴防晒、挡风避雨及防止兽害。

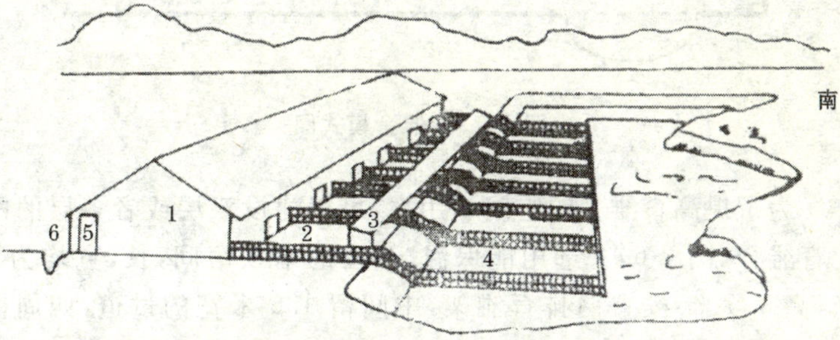

图 3-4　鸭舍外景模式图

1. 鸭舍　2. 陆上运动场　3. 遮阳棚　4. 水浴池　5. 过道门　6. 排水沟

1. 育雏舍　要求干燥且保温性能良好，空气流通而无贼风，电力供应稳定。雏鸭舍房檐高有 2～2.5 米即可，内设天花板，以增加保温性能。雏鸭舍要求采光充分，窗与地面面积之比为 1：8～10，南窗离地面 60～70 厘米，设置气窗，便于空气调节，北窗面积为南窗的 1/3～1/2，距离地面 1 米左右，所有窗子与下水道通外的口子要装上铁丝网，以防兽害。育雏舍地面最好用水泥或砖铺成，要向一边或中间倾斜，以利于消毒和排水。舍内放置饮水器的地方，要有排水沟，并盖上网板，雏鸭饮水时溅出的水可漏到排水沟中排出，见图 3-5。

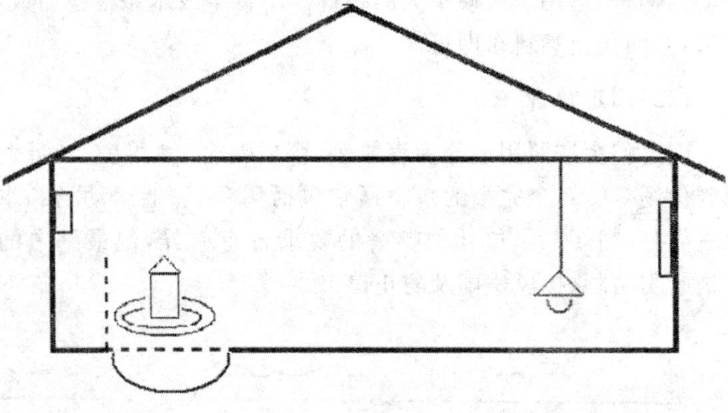

图 3-5 育雏舍模式图

为了提高育雏舍的空间利用率，可以建设双层或者多层的网上育雏舍（图 3-6）。选用能保温、开窗的平顶房间，长、宽均为 7 米，高 3.5 米，安置两排育雏架，中间留 1.6 米宽的过道，四周留 0.8 米宽的走道，育雏笼架长 5.4 米、宽 1.9 米，总高度 2.1 米，笼架分为 3 层，各层又分为育雏鸭层和承粪尿层。第一层离地面 40 厘米，地面作承粪尿层；第二层育雏鸭层与第一层相距 70 厘米，第二育雏层下面相距 25 厘米设承粪尿层；第三育雏层离第二育雏层也是 70 厘米，育雏层下面相距 25 厘米同样设承粪尿层。层架的架柱及其各层的承重横杆均选用 12 毫米的圆钢条作材料焊接而成，育雏鸭层及其围栏采用 0.8 厘米方孔或圆孔的塑料孔筛网制作承粪尿层，用 0.014～0.016 毫米厚度的塑料薄膜铺设而成，育雏层用塑料孔筛网均分成 3 格。每格可育 1～5 日龄雏鸭 200 只，5～10 日龄 150 只，一个育雏架可育雏鸭 1 500～2 000 只。饮水槽一律安装在靠墙的一侧，饲料盘安放在靠中间过道一侧。

2. 育成鸭舍 育成鸭生长快，生命力强，对温度要求不像雏

图 3-6 多层网上育雏笼

鸭那样严格。因此,育成鸭舍只要能遮风挡雨,经常保持干燥,冬季可保温,夏季通风凉爽即可。一般育成鸭舍也可建成双列式单走廊鸭舍。鸭舍地面要有一定倾斜度,在较低的一边挖一道排水沟,沟上覆盖铁丝网,网上设置饮水器。这样鸭子饮水时溅出的水都能流入沟内,排出舍外,以保持舍内干燥。走廊设在中间,走廊与鸭群之间用栏隔离开来。料槽设在围栏中心位置,见图 3-7。每 350 只鸭可设置长 10 米的水槽,并保证有充足的洁净饮水。

3. 种鸭舍 目前,种鸭多以平地散养方式进行饲养。鸭舍可分双列单走廊和单列式两种。

双列单走廊种鸭舍两边必须都设有陆上运动场和水浴池。种鸭舍和雏鸭舍一样,要求保温性能好,屋顶要有天花板或加隔热装置,北墙不漏风,房檐高 2.6～2.8 米,窗与场面面积比例为 1∶8～10,南窗的面积可比北窗大 1 倍。南窗距离地面 60～70

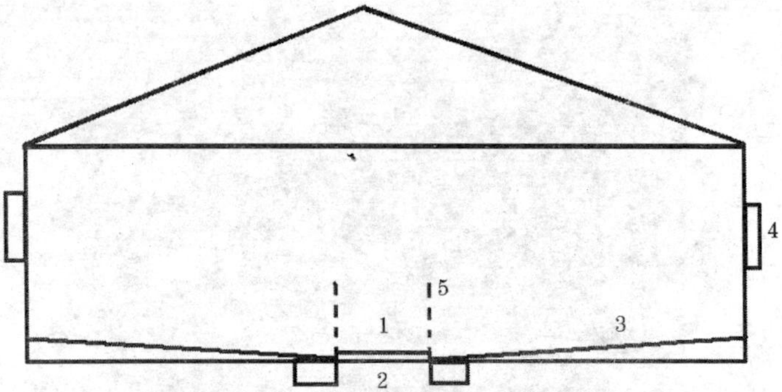

图 3-7　双列式育成鸭舍模式图

1. 走廊　2. 排水沟　3. 鸭床　4. 窗　5. 栏杆

厘米，北窗距离地面 1～1.2 米，并设气窗。为使夏季通风良好，北边可开设地脚窗，但不用玻璃，只安装铁条或铁丝网，以防兽害；在寒冷季节可用塑料布封住，也可用砖封住，抹上水泥，以防漏风。舍内布置同雏鸭舍基本相同。

单列式鸭舍走廊位于北墙边，排水沟紧靠走廊旁，上盖铁丝网，饮水器置于铁丝网上。南边靠墙一侧，地势略高，用来放置产蛋箱(图 3-8)。产蛋箱宽 30 厘米，长 40 厘米，用木板钉成，无底，前面较低(10 厘米左右)，供鸭子出入，其他三面高 35 厘米，箱底垫木屑或干净切碎的垫草。种鸭舍也可不用产蛋箱，直接在鸭舍靠墙墙壁的各侧，把干草垫高，可供种鸭夜间产蛋用。这种垫草必须保持干净，而且要高于舍内的走廊的两侧，在排水沟对面靠墙的一侧。

4. 产蛋鸭舍　其建筑要求与育成鸭舍相差不大，建筑设计也比较简单。地面大多用夯实的泥土，不必用水泥抹平，也要有一定倾斜，靠走廊一侧或倾斜坡低处，设置饮水器或水槽，要使饮水器

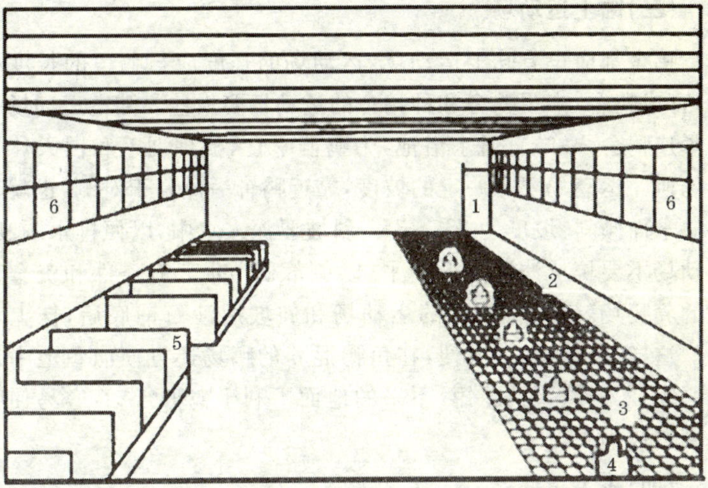

图 3-8　单列式种鸭舍

1. 门　2. 水槽　3. 漏网　4. 料盆　5. 产蛋区　6. 窗

和水槽溢出的水能直接流入斜坡底部的排水沟。这些都与育成鸭舍相同，所不同的是蛋鸭舍需在舍内南侧设置产蛋窝，同时舍外还要配置陆上运动场和水上运动场。

养鸭专业户可采用简易鸭舍养鸭。要做到取材方便、经济实用、冬暖夏凉、通风良好、光线充足、操作方便。可根据饲养量的多少确定鸭舍的面积，一般长度为 8～10 米，宽度为 7～8 米（两间并作一个单元）。一般可采用木、竹作鸭舍骨架，石棉瓦、稻草或茅草作屋顶，四周以编织草帘作墙壁。这种草屋顶隔热性能好，冬暖夏凉，草帘墙壁也很灵活，冬天可排得厚密些，甚至再加一层塑料布以便保温。在北方寒冷地区可在草帘上抹泥，以起到保温作用，鸭舍的地面大多是泥土地，可采用厚垫草，但需在四周的墙脚用沙石、三合土夯实，以防老鼠打洞。

(三)陆上运动场

鸭舍都应设有陆上运动场,运动场的长度应与鸭舍的长度相等,育成鸭舍、产蛋鸭舍和种鸭舍的运动场要大些。陆上运动场一端紧连鸭舍,一端直通水浴池,为鸭群吃食、梳理羽毛和白天休息的场所。运动场要有一定的坡度,靠近鸭舍一侧高于对侧,也就是略向水面倾斜,坡度为25°～35°,斜坡要深入水中,以便排水顺利。运动场不要坑坑洼洼高低不平,以免蓄积污水。有条件和资金充足的养鸭场,最好将陆上的运动场和斜坡用沙石铺底后,抹上水泥。这样,既坚固,又方便,在鱼鸭混养的鸭场还方便向鱼池中冲洗鸭粪。另外,蛋鸭腿短,不平的地面不利于鸭群行动,容易使鸭跌倒造成损失。

(四)水上运动场

水上运动场是鸭洗浴、游泳和交配等必不可少的场所。在陆上运动场与水上运动场连接处,要用水泥、沙石砌成斜坡,使鸭上、下坡行走时不会发生困难。由于斜坡是鸭子每天必经之路,经常受到雨水的淋漓,下面又有水浪冲击,很容易被破坏,所以必须修得坚固。鸭的水上运动场面积不应小于陆上运动场的面积,要考虑到枯水季节时水面缩小,应尽可能围大一些。

在鸭舍、陆上运动场和水上运动场的连接处,需用围栏将它们围成一体。陆上运动场的围栏高度为40～50厘米,深入水下1米左右。如果作育种用或饲养试验鸭舍,必须进行严格分群,围栏应深入水底,以免串群。有的地方将围栏做成活动的,围栏高1.5～2米,绑在固定的桩上,视水位高低而灵活升降,经常保持水上50厘米、水下100～150厘米。

离水源较远的鸭舍,可以在运动场的一端设人工水上运动场,其大小应由养鸭的数量来决定。人工水上运动场一般宽2.5～3米,深0.5～0.8米,用水泥砌成。水上运动场的排水口要有一个沉淀井，排水时可将泥沙、粪便等沉淀下来，避免堵塞水道。

（五）笼养鸭舍

笼养鸭借鉴笼养鸡的技术，但还要根据鸭的特性进行适当的改进。鸭舍一般要分为育雏、育成舍和产蛋舍，也可将育雏舍和育成舍分开，但为了节约成本，一般将两者合二为一。

由于雏鸭对疾病的抵抗力较弱，因此育雏舍应建在上风向。鸭舍地势应平坦或稍有坡度，以南向或东南向为宜。场地建设要求阳光充足，地势高燥，通风良好，排水便利。场地的地下水位要求低于地平面 2 米左右。山区地势要背风向阳，这样既迎向夏季的主导风向，又能防止冬季寒风的侵袭，能保证鸭舍有较为良好的外部环境。建筑的基本要求是防寒保暖，通风良好，排水良好，保持安静减少应激，能防止鼠、犬、蛇等动物侵害，造价低，节约投资。鸭舍地基高出自然地面 10～20 厘米，有一定坡度，便于排放污物、雨水。鸭场必须离村镇、畜牧场 1 千米以外，并且要求交通方便，水、电充足，同时水质良好。

育雏育成舍一般采用舍内和舍外运动场相结合的半封闭式，舍内部分主要是用于育雏时期的保温和晚上鸭的休息场所，舍外运动场主要供鸭运动、游泳及饮水和喂料，两者之间设门，便于人工控制。这种建造模式能够降低生产成本，充分利用建筑面积。这种育雏和育成舍相结合的鸭舍最好采用地面平养，舍内地面铺垫料并有保温和采光设施，在育雏期还要在舍内额外搭建 1 个保温棚。在室外设运动场、游泳池、饮水和喂料设备，这样有利于鸭保持健壮体格和洁净体表，为上笼饲养奠定良好的基础。

有条件的鸭场也可以将育雏鸭舍和育成鸭舍分开建设，这样更有利于育雏期的管理，并且提高育成率。育雏鸭舍最好采用全封闭式房舍，前、后设有窗户，根据天气情况通过窗户进行通风换气。同时，可以进行地面平养，也可采用多层育雏笼进行育雏，育雏舍最主要是提供加温和保温设施。育成鸭舍与育雏育成舍可以通用。

产蛋鸭舍即笼养鸭舍，一般设在育雏育成舍的下风向，要求地势高燥，通风良好，两栋之间要有足够的间隔并设防护绿化带；每栋鸭舍的两端要设有净道和污道。鸭舍内部布局根据生产的需要来设计，笼架安排与笼养蛋鸡生产相似，但要对料槽和饮水器加以改进，以适应鸭的生物学及生理学特性。如果采用全封闭式鸭舍，要在两端墙设有湿帘降温和负压通风设备，以减少炎热夏季对鸭的热应激。为减少建筑的投入，也可以采用前、后两面主墙开放式通风设计，但要分别设有卷帘，这样便于根据季节和气候情况通过人工控制通风量的大小。另外，为了降低劳动强度，一般设有自动清粪机，这样将粪便刮到鸭舍的一侧便于集中处理。笼养鸭舍内部结构，可参照图 3-9。

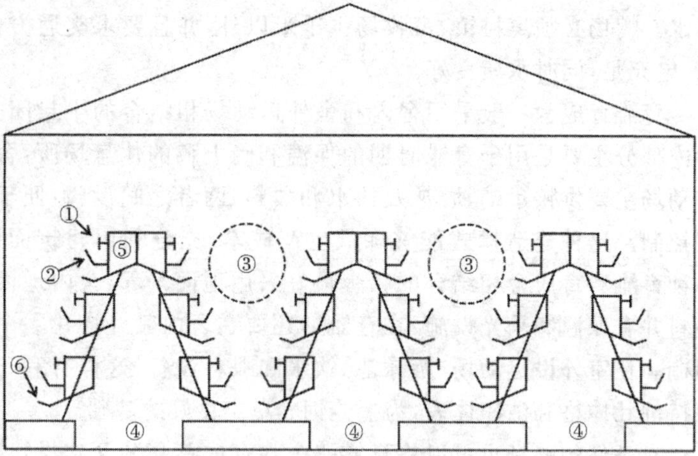

图 3-9　蛋鸭笼养鸭舍示意图

1. 饮水器　2. 料槽　3. 风扇　4. 粪槽　5. 产蛋笼　6. 集蛋槽

第四节　蛋鸭饲养设备

一、供暖设备

与鸡舍不同，鸭舍尤其是青年鸭和成年鸭舍舍内空间大、密闭性差，降温设备通常不用。因此，鸭生产上应用的主要为加温设备。加温设备在育雏鸭舍可以说是必不可少的设备，青年鸭和成年鸭舍可以根据当地气温情况考虑是否设置。常用的加温设备有火道、火炉、育雏伞、保温棚、热风炉等。

（一）火　道

火道是由火炉、火道和烟囱三部分组成，均用砖砌，雏鸭舍一端设火炉，另一端设烟囱，在鸭舍地下设 3～4 条火道，火道之间间距 1 米左右，长短视育雏舍大小而定。当火炉内生火后，热空气进入舍地面下面的火道，加热舍内地面并进而加热舍内空气，升高温度。对地下火道的建筑要求火的大小容易控制，地面加热均匀，火道不漏烟。这是我国北方农村普遍使用的一种育雏方法，此法温度平稳、保温时间长，可以使地面干燥，减少球虫病和曲霉菌病的发生。在使用火道育雏时要严防煤气中毒。

（二）火　炉

饲养量较小的专业户可以在育雏鸭舍内使用火炉加热。火炉为铸铁制作，每 10～15 $米^2$ 设 1 个火炉。火炉必须接铁皮制作的烟囱，不仅可以排放有害气体，还可以加大火炉散热面积。在使用火炉加温时一定要注意在火炉周围设置围栏，以防止雏鸭烫伤。使用火炉为鸭舍加温简单易行，但也存在不足之处：鸭舍内温度不均匀，一般中、上部温度高，而雏鸭所处的地面温度相对低；舍内空气中有害气体和灰尘含量较高。

(三)热风炉

一般由热风炉、风机和送风管等组成。热风炉安装在舍外，使用的时候将装在送风管内的风机打开，空气通过热风炉的进风口进入被炉火加热的炉灶与炉壁的夹层，经过加热后的空气温度为50℃左右，然后通过送风管进入舍内。送风管由镀锌铁皮或塑料管制成，中、下部有许多小孔，当热空气被风机吹入后以射流形式正压进入舍内。用热风炉供温的优点是，采用正压通风可以防止负压通风时冷空气进入鸭舍导致局部舍温过低，甚至冷空气直接吹到鸭体上而使鸭受凉；舍内空气质量较好。但是，热风炉安装费用较高，一般在容量较大的鸭舍使用。

(四)育雏伞

育雏伞可分为煤加热和电加热两种。目前应用比较多的为电热育雏伞。保温罩外形伞状，外壳用铁皮、铝合金或木板(纤维板)制成双层，夹层中填充玻璃纤维(岩棉)等保温材料。育雏伞内壁设有电热丝或远红外线加热板，外壁装有控温装置，在伞下还应设有照明灯及辐射板，在伞的下缘留有10～15厘米间隙，让雏鸭自由进入。每个育雏伞可供100～150只雏鸭的保温需要。为了安全，伞下的垫料表面应铺一层塑料布或硬纸，防止垫料碰到电热丝而被引燃。冬季气温较低时，使用育雏伞的同时应注意提高舍温(图3-10)。

(五)保温棚

在火炕上可搭保温棚。保温棚的大小可根据饲养雏鸭的数量来决定。保温棚的四周盖上棉被，在棚壁与炕面接触的地方留一长15厘米、高10厘米的进出口。在棚内接1盏15～25瓦的灯泡照亮。距炕面5厘米的地方挂一温度计，可随时观察棚内的温度。

图 3-10　折叠式育雏伞

保温棚内的温度可用下面两种方法进行调节：一是天冷时，可增加烧火的次数，或延长烧火的时间，温度高时或雏鸭长大些，烧火的时间可短些；二是天冷的时候，保温棚可盖棉被，温度高时，可换单被。

二、饲喂设备

(一)喂料设备

饲喂设备主要包括料槽、料盘、料盆(桶)和塑料布。饲料盘和塑料布多用于雏鸭开食，饲料盘一般采用浅料盘，塑料布反光性要强，以便雏鸭开食；料槽和料桶可用于饲喂各阶段的蛋鸭。

1. 料槽　由木板或者塑料制成。料槽长度依需要而定。一般多为木板钉制而成。料槽根据雏鸭、青年鸭和成年鸭等不同生长发育时期设计，其区别在于料槽深度和宽度的不同。雏鸭料槽深度较浅，为 5 厘米左右，青年鸭和成年鸭料槽深度约 12 厘米。料槽做得太浅容易造成饲料浪费，太深影响鸭的采食。料槽底部宽度为 15～20 厘米，雏鸭可以窄些。

2. 料桶 塑料或者镀锌铁皮制成(图 3-11)。一般料桶高 40 厘米,直径 30 厘米;料盘底部直径 40 厘米,边高 3 厘米。这种料桶能存放较多饲料,并且可一边采食一边自动下料。每 50 只鸭需 1 个料桶。

图 3-11 料 桶

3. 料盘 一般为塑料制成(图 3-12),直径 40 厘米,深度 5 厘米,主要用于雏鸭的饲养。

图 3-12 料 盘

4. 料盆 一般为塑料制成,成年鸭可以较青年鸭大一些,深度不宜过深,以免影响采食。

(二)饮水设备

饮水设备常用的是水槽、水盆和饮水器。

1. 水槽　多用砖或者水泥砌成，设在鸭舍的一侧。水槽宽度视群体数量而定，底部宽度20厘米左右，深度为15～20厘米，水槽底部略有坡度。在水槽的侧壁安装栏杆，防止鸭进入水槽。水槽也可以用直径15～20厘米塑料水管制成，将水管上1/3间隔性锯掉，每隔50厘米留宽10～20厘米的缺口，水管两端密封，且一端接水龙头以便加水。底部固定，以保持其稳定性。

2. 水盆　使用直径30～50厘米、深15厘米左右的塑料盆。为防止鸭进入水盆，可以在水盆上罩圆形栅栏。

3. 饮水器　养鸭用的饮水器的式样很多。最常见的是塔式真空饮水器，装满水后用盘子盖住瓶口，再倒转过来覆于盘子上，水就从小缺口处源源不断地流出来，当水位淹没瓶口时，瓶内的水便停止外流。这种饮水器轻便实用，容易清洗，比较干净，适用于平养的雏鸭(图3-13)。

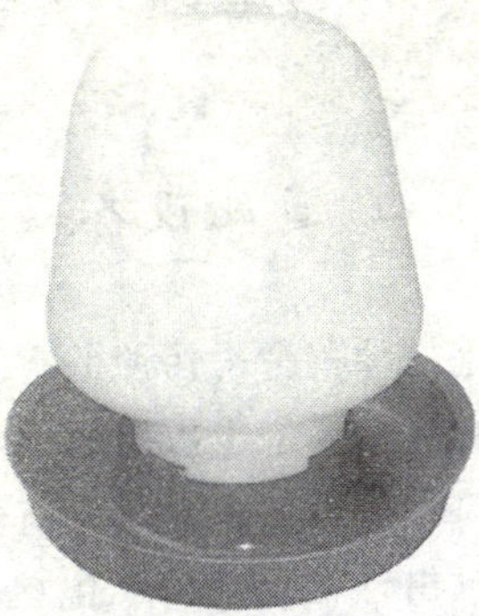

图3-13　塔式真空饮水器(8升)

三、照明设备

照明设备在鸭的生产中是必不可少的，尤其是蛋鸭生产。对处于不同生理阶段的蛋鸭来说，照明有着不同的意义，育雏阶段照明可以方便采食、饮水、活动和休息，育成阶段主要是控制性成熟，而作为成年鸭照明可以刺激生殖激素的合成和分泌。根据不同的生理阶段制定合理的光照制度，是提高蛋鸭产量的重要手段。

(一)人工照明设备

目前饲养场大部分使用灯泡照明，且多为白炽灯，既浪费了大量的电能，增加维修工作，还直接减少了饲养的经济效益。使用节能灯对鸭舍进行照明，具有应激小、亮度高、寿命长、维修少、清洁方便、发热量少等优点。

(二)自然光照控制

生产中，过长或过强的光照会使青年鸭的性成熟提前，从而影响蛋鸭的后期产蛋率。因此，自然光照需要调整，一般的控制方法是在鸭舍的窗户上挂深色窗帘。

四、通风设备

通风的目的主要是排除鸭舍内污浊的空气，提供清新空气，同时，可以降低鸭舍内的湿度，夏季也可以起到降温的作用。

机械通风由进风口和排风扇组成。目前畜禽舍的建造上主要是使用负压风机。风机由外框、支撑架、电机、扇叶、给风装置、百叶窗、防护网等组成。采用不锈钢、镀锌板、铝合金等材料制造。开机后电机驱动风叶产生气流，送风排起，百叶窗自动开启，停机时百叶窗闭合，以防舍外灰尘、异物等进入，亦可避免雨雪及倒风的影响风机，具有风量大，低噪声、低能耗、运行平稳、使用寿命长等特点。国内生产负压风机的企业有很多，表 3-3 显示了某些风机的技术参数。吊扇、壁扇等的主要用途是促进鸭舍内空气流动，饲养规模小的鸭舍可以安装，以便夏天使用。

表 3-3　不同型号风机技术参数

型号规格	风叶直径（毫米）	风叶转速（转/分）	电机转速（转/分）	风量（米^3/小时）	全压（帕）	输入功率（瓦）	外形尺寸 高×宽×厚（毫米）		
710 型	710	560	1380	18000	60	750	810	810	350
1000 型	1000	600	1400	35000	70	750	1100	1100	400
1250 型	1250	439	1400	44000	56	1100	1380	1380	400
1400 型	1400	439	1400	55800	60	1500	1536	1536	400

第四章 蛋鸭饲料配方设计与加工调制

第一节 蛋鸭常用饲料

一、饲料的分类

(一)按营养成分分类

1. 全价配合饲料 又叫全日粮配合饲料。该饲料所含的各种营养成分和能量均衡全面,能够完全满足蛋鸭的各种营养需要,不需加任何成分就可以直接饲喂,并能获得最大的经济效益,是理想的配合饲料。它是由能量饲料、蛋白质饲料、矿物质饲料,以及各种添加剂饲料所组成。

2. 混合饲料 又叫基础日粮或初级配合饲料。是由能量饲料、蛋白质饲料、矿物质饲料按一定比例组成的,它基本上能满足蛋鸭营养需要。但营养不够全面,只适合农户搭配一定量的青饲料进行饲喂。

3. 蛋白质补充饲料 又叫蛋白浓缩饲料,或称平衡用混合饲料。是指以蛋白质饲料为主,加上矿物质饲料和添加预混合饲料配制而成的混合饲料。猪、鸡用的蛋白质补充料含蛋白质30%以上,矿物质和维生素也高于饲料标准规定的要求,因此不能直接饲喂。但按一定比例添加能量饲料就可以配制成营养全面的全价配合饲料。一般情况下,蛋白质补充饲料占全价配合饲料的20%～

30%，使用时既方便又能保证配合料的饲料质量，还可以减少饲料中主原料的往返运输和损耗。

4. 添加剂预混合饲料　这种饲料是由营养物质添加剂和非营养物质添加剂等组成，并以玉米粉、豆饼粉及面粉等饲料作为载体，根据动物的不同品种和生产方式而均匀配制成的一种饲料半成品。

（二）按饲料物理性状分类

1. 粉状饲料　一般是把按一定比例混合好的饲料粉碎成颗粒大小比较均匀的一种料型。细度在2.5毫米以上。这种饲料养分含量和动物的采食较均匀，品质稳定，饲喂方便、安全、可靠。但容易引起动物的挑食，造成浪费。

2. 颗粒料　颗粒料是以粉状为基础经过蒸汽加压处理而制成的块状饲料，其形状有圆筒状和角状。这种饲料密度大，体积小，改善了适口性，并保证了全价饲料报酬高的特点。特别是肉用型动物及禽、鱼等应用效果最好。

3. 膨化饲料　也叫漂浮饲料。这类饲料是专门为鱼、龟等动物而制成的。可以减少饲料中水溶性物质的损失，保证饵料的营养价值。一般情况下，用膨化饲料喂鱼比普通的颗粒料可减少饵料损失10%～15%，并可提高产量10%左右。

4. 碎粒料　是用机械方法将颗粒料再经破碎加工成细度2～4毫米的碎粒。其特点与颗粒料相同，就是由于破碎而使动物的采食速度稍慢，特别适用于蛋鸡、雏鸡和鹌鹑饲用。

另外，还有其他块状饲料及液体饲料等。

（三）按蛋鸭的不同生长阶段分类

按照蛋鸭生长发育阶段的不同，根据其营养需要量，蛋鸭饲料可分为育雏料、育成料、产蛋期料、产蛋高峰期料等。

二、常用鸭饲料

(一)动物蛋白质饲料

1. 鱼粉 粗蛋白质含量在50%～78%,是鸭优良的蛋白质原料,含有鸭所必需的各种氨基酸,特别是富含赖氨酸和蛋氨酸,B族维生素的含量丰富。

2. 蚕蛹 粗蛋白质含量达到50%以上,赖氨酸和蛋氨酸含量较高,是十分理想的蛋白质原料,用量可占日粮的4%～8%。蚕蛹容易生虫和氧化变质,需特别注意保存。

3. 血粉 血粉的粗蛋白质含量达80%左右,但适口性差,在有条件的地方可使用喷雾血粉或发酵血粉。

(二)谷物类饲料

包括玉米、小麦、高粱、大麦、碎大米等。谷物类饲料含碳水化合物70%～80%,消化率高,产生的热能多;粗纤维含量为0.8%～12%;粗蛋白质含量在8%～13.5%,以小麦的粗蛋白质含量最高;色氨酸、蛋氨酸的含量较低;矿物质钙的含量特别低,磷的含量最高,但大多以禽类不能利用的植酸磷的形式存在;B族维生素含量较少,在日粮配合时注意添加。

(三)植物蛋白质饲料

1. 豆饼、豆粕 为优良的传统蛋白质饲料,粗蛋白质含量达40%以上。除含硫氨基酸外都能满足鸭的需要,用量可占日粮的10%～20%。

2. 菜籽饼 粗蛋白质含量可达35%以上。但适口性较差,多喂有毒,而且其限制性氨基酸的含量及利用率极低,因此不宜多喂,一般不超过日粮的8%。有条件的地方,使用之前最好经过脱毒处理。

3. 棉仁饼　含粗蛋白质36%～48%，赖氨酸、色氨酸含量较低，缺乏维生素D、胡萝卜素和钙，富含磷，饲用量一般不超过日粮的8%。

4. 花生饼　蛋白质含量达40%以上，适口性好，用量可占日粮的10%～20%。花生饼的蛋氨酸含量较高。使用时防止花生饼霉变，否则易发生黄曲霉素中毒。

(四)矿物质饲料

贝壳、石灰石、蛋壳等均为钙的主要来源。贝壳是最好的矿物质饲料，含钙多，并容易为家禽吸收。石灰石含钙量很高，且价格便宜，但应注意镁的含量不能过高。蛋壳经过清洗、煮沸和粉碎之后，也是较好的钙质饲料，骨粉为优质钙、磷饲料，且钙、磷的比例较适合雏鸭和生长鸭的需要。骨粉因调制方法不同，其品质差异很大，应注意选择，防止腐败。过磷酸钙或其他磷酸盐也可作为磷的来源，但磷矿石含氟量高，使用之前应做脱氟处理。

三、饲料添加剂

(一)饲料添加剂的种类

饲料添加剂是指在饲料加工、制作和使用过程中添加的少量或微量物质。主要目的是为了完善强化动物饲料的营养价值，提高饲料利用效率，增进动物健康，促进动物生长发育，延长饲料保质期，改进动物产品品质，以及降低动物排泄污染等。

饲料添加剂包括营养性添加剂和非营养性添加剂。

营养性添加剂包括氨基酸添加剂、矿物质(微量元素)添加剂、维生素添加剂、非蛋白氮添加剂。这类添加剂的主要作用是平衡畜禽日粮的营养，补充天然饲料之不足，改善产品的质量，保持畜禽机体各组织细胞的生长和发育。

非营养性添加剂包括抑菌促生长剂（抗生素、抗菌剂等）、激素类添加剂、酶类添加剂、微生物添加剂、驱虫药物添加剂、中药添加剂、镇静类添加剂、抗氧化剂、防霉剂、调味剂、畜禽产品质量改进剂（增色剂等）、黏结剂、乳化剂、青贮饲料添加剂等。本类添加剂对动物没有营养作用，但是可以通过防治疫病；减少饲料贮存期饲料损失、促进动物消化吸收等作用来达到促进动物生长、提高饲料报酬，降低饲料成本，获取更大经济效益之目的，是现代畜牧业中必不可少的。

（二）饲料添加剂产品要求

1. 添加剂来源 应是具有农业部颁发的饲料添加剂生产许可证的正规企业生产的、具有产品批准文号的产品。

2. 添加剂使用 应遵照饲料标签所规定的用法和用量。

3. 添加剂的感官要求 具有该品种应有的色、嗅、味和组织形态特征，无异味、异臭。

（三）饲料添加剂安全使用规范

为了指导鸭场科学合理使用饲料添加剂，提高蛋鸭安全生产水平，保护生态环境，促进蛋鸭养殖业健康发展，饲料添加剂要符合农业部颁布的《饲料和饲料添加剂管理条例》有关规定，本节将其中允许使用的饲料添加剂品种目录摘录如下（表 4-1）。

表4-1　允许使用的饲料添加剂品种目录(2013)

类　别	通用名称	适用范围
氨基酸、氨基酸盐及其类似物	L-赖氨酸、液体L-赖氨酸(L-赖氨酸含量不低于50%)、L-赖氨酸盐酸盐、L-赖氨酸硫酸盐及其发酵副产物(产自谷氨酸棒杆菌、乳糖发酵短杆菌,L-赖氨酸含量不低于51%)、DL-蛋氨酸、L-苏氨酸、L-色氨酸、L-精氨酸、L-精氨酸盐酸盐、甘氨酸、L-酪氨酸、L-丙氨酸、天(门)冬氨酸、L-亮氨酸、异亮氨酸、L-脯氨酸、苯丙氨酸、丝氨酸、L-半胱氨酸、L-组氨酸、谷氨酸、谷氨酰胺、缬氨酸、胱氨酸、牛磺酸	养殖动物
	半胱氨盐酸盐	畜　禽
	蛋氨酸羟基类似物、蛋氨酸羟基类似物钙盐	猪、鸡、牛和水产养殖动物
	N-羟甲基蛋氨酸钙	反刍动物
	α-环丙氨酸	鸡
维生素及类维生素	维生素A、维生素A乙酸酯、维生素A棕榈酸酯、β-胡萝卜素、盐酸硫胺(维生素B_1)、硝酸硫胺(维生素B_1)、核黄素(维生素B_2)、盐酸吡哆醇(维生素B_6)、氰钴胺(维生素B_{12})、L-抗坏血酸(维生素C)、L-抗坏血酸钙、L-抗坏血酸钠、L-抗坏血酸-2-磷酸酯、L-抗坏血酸-6-棕榈酸酯、维生素D_2、维生素D_3、天然维生素E、dl-α-生育酚、dl-α-生育酚乙酸酯、亚硫酸氢钠甲萘醌(维生素K_3)、二甲基嘧啶醇亚硫酸甲萘醌、亚硫酸氢烟酰胺甲萘醌、烟酸、烟酰胺、D-泛醇、D-泛酸钙、DL-泛酸钙、叶酸、D-生物素、氯化胆碱、肌醇、L-肉碱、L-肉碱盐酸盐、甜菜碱、甜菜碱盐酸盐	养殖动物
	25-羟基胆钙化醇(25-羟基维生素D_3)	猪、家禽
	L-肉碱酒石酸盐	宠　物

续表 4-1

类　别	通用名称	适用范围
矿物元素及其络(螯)合物[1]	氯化钠、硫酸钠、磷酸二氢钠、磷酸氢二钠、磷酸二氢钾、磷酸氢二钾、轻质碳酸钙、氯化钙、磷酸氢钙、磷酸二氢钙、磷酸三钙、乳酸钙、葡萄糖酸钙、硫酸镁、氧化镁、氯化镁、柠檬酸亚铁、富马酸亚铁、乳酸亚铁、硫酸亚铁、氯化亚铁、氯化铁、碳酸亚铁、氯化铜、硫酸铜、碱式氯化铜、氧化锌、氯化锌、碳酸锌、硫酸锌、乙酸锌、碱式氯化锌、氯化锰、氧化锰、硫酸锰、碳酸锰、磷酸氢锰、碘化钾、碘化钠、碘酸钾、碘酸钙、氯化钴、乙酸钴、硫酸钴、亚硒酸钠、钼酸钠、蛋氨酸铜络(螯)合物、蛋氨酸铁络(螯)合物、蛋氨酸锰络(螯)合物、蛋氨酸锌络(螯)合物、赖氨酸铜络(螯)合物、赖氨酸锌络(螯)合物、甘氨酸铜络(螯)合物、甘氨酸铁络(螯)合物、酵母铜、酵母铁、酵母锰、酵母硒、氨基酸铜络合物(氨基酸来源于水解植物蛋白)、氨基酸铁络合物(氨基酸来源于水解植物蛋白)、氨基酸锰络合物(氨基酸来源于水解植物蛋白)、氨基酸锌络合物(氨基酸来源于水解植物蛋白)	养殖动物
	蛋白铜、蛋白铁、蛋白锌、蛋白锰	养殖动物(反刍动物除外)
	羟基蛋氨酸类似物络(螯)合锌、羟基蛋氨酸类似物络(螯)合锰、羟基蛋氨酸类似物络(螯)合铜	奶牛、肉牛、家禽和猪
	烟酸铬、酵母铬、蛋氨酸铬、吡啶甲酸铬	猪
	丙酸铬、甘氨酸锌	猪
	丙酸锌	猪、牛和家禽
	硫酸钾、三氧化二铁、氧化铜	反刍动物
	碳酸钴	反刍动物、猫、犬
	稀土(铈和镧)壳糖胺螯合盐	畜、禽、鱼和虾
	乳酸锌(α-羟基丙酸锌)	生长育肥猪、家禽

续表 4-1

类　别	通用名称	适用范围
酶制剂[2]	淀粉酶(产自黑曲霉、解淀粉芽孢杆菌、地衣芽孢杆菌、枯草芽孢杆菌、长柄木霉[3]、米曲霉、大麦芽、酸解支链淀粉芽孢杆菌)	青贮玉米、玉米、玉米蛋白粉、豆粕、小麦、次粉、大麦、高粱、燕麦、豌豆、木薯、小米、大米
	α-半乳糖苷酶(产自黑曲霉)	豆　粕
	纤维素酶(产自长柄木霉[3]、黑曲霉、孤独腐质霉、绳状青霉)	玉米、大麦、小麦、麦麸、黑麦、高粱
	β-葡聚糖酶(产自黑曲霉、枯草芽孢杆菌、长柄木霉[3]、绳状青霉、解淀粉芽孢杆菌、棘孢曲霉)	小麦、大麦、菜籽粕、小麦副产物、去壳燕麦、黑麦、黑小麦、高粱
	葡萄糖氧化酶(产自特异青霉、黑曲霉)	葡萄糖
	脂肪酶(产自黑曲霉、米曲霉)	动物或植物源性油脂或脂肪
	麦芽糖酶(产自枯草芽孢杆菌)	麦芽糖
	β-甘露聚糖酶(产自迟缓芽孢杆菌、黑曲霉、长柄木霉[3])	玉米、豆粕、椰子粕
	果胶酶(产自黑曲霉、棘孢曲霉)	玉米、小麦
	植酸酶(产自黑曲霉、米曲霉、长柄木霉[3]、毕赤酵母)	玉米、豆粕等含有植酸的植物籽实及其加工副产品类饲料原料
	蛋白酶(产自黑曲霉、米曲霉、枯草芽孢杆菌、长柄木霉[3])	植物和动物蛋白
	角蛋白酶(产自地衣芽孢杆菌)	植物和动物蛋白
	木聚糖酶(产自米曲霉、孤独腐质霉、长柄木霉[3]、枯草芽孢杆菌、绳状青霉、黑曲霉、毕赤酵母)	玉米、大麦、黑麦、小麦、高粱、黑小麦、燕麦

续表 4-1

类　别	通用名称	适用范围
微生物	地衣芽孢杆菌、枯草芽孢杆菌、两歧双歧杆菌、粪肠球菌、屎肠球菌、乳酸肠球菌、嗜酸乳杆菌、干酪乳杆菌、德氏乳杆菌乳酸亚种（原名：乳酸乳杆菌）、植物乳杆菌、乳酸片球菌、戊糖片球菌、产朊假丝酵母、酿酒酵母、沼泽红假单胞菌、婴儿双歧杆菌、长双歧杆菌、短双歧杆菌、青春双歧杆菌、嗜热链球菌、罗伊氏乳杆菌、动物双歧杆菌、黑曲霉、米曲霉、迟缓芽孢杆菌、短小芽孢杆菌、纤维二糖乳杆菌、发酵乳杆菌、德氏乳杆菌保加利亚亚种（原名：保加利亚乳杆菌）	养殖动物
	产丙酸丙酸杆菌、布氏乳杆菌	青贮饲料、牛饲料
	副干酪乳杆菌	青贮饲料
	凝结芽孢杆菌	肉鸡、生长育肥猪和水产养殖动物
	侧孢短芽孢杆菌（原名：侧孢芽孢杆菌）	肉鸡、肉鸭、猪、虾
非蛋白氮	尿素、碳酸氢铵、硫酸铵、液氨、磷酸二氢铵、磷酸氢二铵、异丁叉二脲、磷酸脲、氯化铵、氨水	反刍动物
抗氧化剂	乙氧基喹啉、丁基羟基茴香醚（BHA）、二丁基羟基甲苯（BHT）、没食子酸丙酯、特丁基对苯二酚（TBHQ）、茶多酚、维生素 E、L-抗坏血酸-6-棕榈酸酯	养殖动物
	迷迭香提取物	宠　物

续表 4-1

<table>
<tr><th>类　别</th><th colspan="2">通用名称</th><th>适用范围</th></tr>
<tr><td rowspan="6">防腐剂、防霉剂和酸度调节剂</td><td colspan="2">甲酸、甲酸铵、甲酸钙、乙酸、双乙酸钠、丙酸、丙酸铵、丙酸钠、丙酸钙、丁酸、丁酸钠、乳酸、苯甲酸、苯甲酸钠、山梨酸、山梨酸钠、山梨酸钾、富马酸、柠檬酸、柠檬酸钾、柠檬酸钠、柠檬酸钙、酒石酸、苹果酸、磷酸、氢氧化钠、碳酸氢钠、氯化钾、碳酸钠</td><td>养殖动物</td></tr>
<tr><td colspan="2">乙酸钙</td><td>畜　禽</td></tr>
<tr><td colspan="2">焦磷酸钠、三聚磷酸钠、六偏磷酸钠、焦亚硫酸钠、焦磷酸一氢三钠</td><td>宠　物</td></tr>
<tr><td colspan="2">二甲酸钾</td><td>猪</td></tr>
<tr><td colspan="2">氯化铵</td><td>反刍动物</td></tr>
<tr><td colspan="2">亚硫酸钠</td><td>青贮饲料</td></tr>
<tr><td rowspan="5">着色剂</td><td colspan="2">β-胡萝卜素、辣椒红、β-阿朴-8'-胡萝卜素醛、β-阿朴-8'-胡萝卜素酸乙酯、β,β-胡萝卜素-4,4-二酮(斑蝥黄)</td><td>家　禽</td></tr>
<tr><td colspan="2">天然叶黄素(源自万寿菊)</td><td>家禽、水产养殖动物</td></tr>
<tr><td colspan="2">虾青素、红法夫酵母</td><td>水产养殖动物、观赏鱼</td></tr>
<tr><td colspan="2">柠檬黄、日落黄、诱惑红、胭脂红、靛蓝、二氧化钛、焦糖色(亚硫酸铵法)、赤藓红</td><td>宠　物</td></tr>
<tr><td colspan="2">苋菜红、亮蓝</td><td>宠物和观赏鱼</td></tr>
<tr><td rowspan="4">调味和诱食物质[4]</td><td rowspan="2">甜味物质</td><td>糖精、糖精钙、新甲基橙皮苷二氢查耳酮</td><td>猪</td></tr>
<tr><td>糖精钠、山梨糖醇</td><td rowspan="3">养殖动物</td></tr>
<tr><td>香味物质</td><td>食品用香料[5]、牛至香酚</td></tr>
<tr><td>其　他</td><td>谷氨酸钠、5'-肌苷酸二钠、5'-鸟苷酸二钠、大蒜素</td></tr>
</table>

续表 4-1

类 别	通用名称	适用范围
黏结剂、抗结块剂、稳定剂和乳化剂	α-淀粉、三氧化二铝、可食脂肪酸钙盐、可食用脂肪酸单/双甘油酯、硅酸钙、硅铝酸钠、硫酸钙、硬脂酸钙、甘油脂肪酸酯、聚丙烯酸树脂Ⅱ、山梨醇酐单硬脂酸酯、聚氧乙烯20山梨醇酐单油酸酯、丙二醇、二氧化硅、卵磷脂、海藻酸钠、海藻酸钾、海藻酸铵、琼脂、瓜尔胶、阿拉伯树胶、黄原胶、甘露糖醇、木质素磺酸盐、羧甲基纤维素钠、聚丙烯酸钠、山梨醇酐脂肪酸酯、蔗糖脂肪酸酯、焦磷酸二钠、单硬脂酸甘油酯、聚乙二醇400、磷脂、聚乙二醇甘油蓖麻酸酯	养殖动物
	丙三醇	猪、鸡和鱼
	硬脂酸	猪、牛和家禽
	卡拉胶、决明胶、刺槐豆胶、果胶、微晶纤维素	宠 物
多糖和寡糖	低聚木糖(木寡糖)	鸡、猪、水产养殖动物
	低聚壳聚糖	猪、鸡和水产养殖动物
	半乳甘露寡糖	猪、肉鸡、兔和水产养殖动物
	果寡糖、甘露寡糖、低聚半乳糖	养殖动物
	壳寡糖(寡聚β-(1-4)-2-氨基-2-脱氧-D-葡萄糖)(n=2～10)	猪、鸡、肉鸭、虹鳟鱼
	β-1,3-D-葡聚糖(源自酿酒酵母)	水产养殖动物
	N,O-羧甲基壳聚糖	猪、鸡

续表 4-1

类　别	通用名称	适用范围
其　他	天然类固醇萨洒皂角苷(源自丝兰)、天然三萜烯皂角苷(源自可来雅皂角树)、二十二碳六烯酸(DHA)	养殖动物
	糖萜素(源自山茶籽饼)	猪和家禽
	乙酰氧肟酸	反刍动物
	苜蓿提取物(有效成分为苜蓿多糖、苜蓿黄酮、苜蓿皂苷)	仔猪、生长育肥猪、肉鸡
	杜仲叶提取物(有效成分为绿原酸、杜仲多糖、杜仲黄酮)	生长育肥猪、鱼、虾
	淫羊藿提取物(有效成分为淫羊藿苷)	鸡、猪、绵羊、奶牛
	共轭亚油酸	仔猪、蛋鸡
	4,7-二羟基异黄酮(大豆黄酮)	猪、产蛋家禽
	地顶孢霉培养物	猪、鸡
	紫苏籽提取物(有效成分为 α-亚油酸、亚麻酸、黄酮)	猪、肉鸡和鱼
	硫酸软骨素	猫、犬
	植物甾醇(源于大豆油/菜籽油,有效成分为 β-谷甾醇、菜油甾醇、豆甾醇)	家禽、生长育肥猪

注:1. 所列物质包括无水和结晶水形态;

2. 酶制剂的适用范围为典型底物,仅作为推荐,并不包括所有可用底物;

3. 目录中所列长柄木霉亦可称为长枝木霉或李氏木霉;

4. 以一种或多种调味物质或诱食物质添加载体等复配而成的产品可称为调味剂或诱食剂,其中:以一种或多种甜味物质添加载体等复配而成的产品可称为甜味剂;以一种或多种香味物质添加载体等复配而成的产品可称为香味剂;

5. 食品用香料见《食品安全国家标准　食品添加剂使用卫生标准》(GB 2760)中食品用香料名单。

(四)饲料添加剂使用原则

使用饲料添加剂要科学、合理;否则,不但造成浪费而且可能对畜禽产生有害作用,要注意掌握以下原则:

1. 要有丰富的基础饲料 饲料添加剂不能取代玉米、麦麸等能量饲料,也不能完全取代豆饼、鱼粉等蛋白质饲料。因此,要按照畜禽营养要求,配好基础饲料,绝不是加上添加剂就万事大吉了。

2. 严格控制剂量 添加剂使用要按照使用说明和需要量添加,并且要注意搅拌均匀,以防因用量过大或搅拌不匀造成大群或个别畜禽中毒。

3. 缺什么就添加什么 基础饲料中缺少什么就添加什么,不同畜禽在不同生长阶段需要什么就添加什么,不能随意添加。如圈养畜禽青绿饲料缺乏时添加维生素制剂;蛋鸭产蛋阶段补充钙质;疾病流行季节添加药物等。

抗病、驱虫、保健性添加剂不宜长期使用,否则会产生毒副作用。抗生素类添加剂不宜用于牛、羊等,以免杀死瘤胃微生物。不要将添加剂拌入饲料中长期存放或与饲料一起加热使用,以免氧化变质。添加剂应放置在阴凉干燥通风处,随用随拌,多种添加剂共用时,要注意其相互间的作用和恰当比例,如维生素 D 能促进钙、磷吸收,使用时要注意适当增加钙、磷,以利吸收。

4. 配伍、禁忌 使用饲料添加剂应注意它们之间的协同与对抗作用。例如,矿物质添加剂最好不要与维生素添加剂配在一起,因为它会使一些维生素氧化。因此,了解它们之间的配伍与禁忌十分重要。

5. 保存 饲料添加剂应保存在干燥、低温和避光处,以免氧化、受潮而失效,尤其是维生素。

(五)饲料和饲料添加剂的管理

饲料和饲料添加剂管理应严格依据中华人民共和国国务院于

2013年12月7日颁布实施的《饲料和饲料添加剂管理条例》执行。药物饲料添加剂的管理依照《兽药管理条例》的规定执行。凡计划从事饲料和饲料添加剂经营和生产的企业必须按照此条例所规定的要求操作。条例同时解释了营养性饲料添加剂、一般饲料添加剂和药物饲料添加剂的含义。营养性饲料添加剂，是指用于补充饲料营养成分的少量或者微量物质，包括饲料级氨基酸、维生素、矿物质微量元素、酶制剂、非蛋白氮等。一般饲料添加剂，是指为保证或者改善饲料品质、提高饲料利用率而掺入饲料中的少量或者微量物质。药物饲料添加剂，是指为预防、治疗动物疾病而掺入的载体或者稀释剂的兽药的预混物，包括抗球虫药类、驱虫剂类、抑菌促生长类等。

第二节　蛋鸭营养需要

蛋鸭营养需要量研究较少，国外科学家认为，蛋鸭日粮蛋白质从15%增高到19%，产蛋率和蛋重都增高。因此，建议蛋鸭的最佳日粮粗蛋白质水平为日粮的19%。至于能量，则2 650和2 850千卡/千克的代谢能水平对产蛋率无显著影响，见表4-2。

表4-2　推荐蛋鸭营养需要量

营养成分	生长阶段				
	单　位	0～4周龄	4～9周龄	9～14周龄	产蛋期
代谢能	千卡/千克	2890	2730	2600	2730
粗蛋白质	%	18.7	15.4	13.2	18.7
氨基酸					
精氨酸	%	1.12	0.92	0.79	1.14
组氨酸	%	0.43	0.35	0.32	0.45

续表 4-2

营养成分	生长阶段				
	单　位	0～4 周龄	4～9 周龄	9～14 周龄	产蛋期
异亮氨酸	%	0.66	0.54	0.57	0.80
亮氨酸	%	1.31	1.08	1.09	1.55
赖氨酸	%	1.10	0.90	0.61	1.00
蛋氨酸+胱氨酸	%	0.69	0.57	0.52	0.74
苯丙氨酸+酪氨酸	%	1.44	1.19	1.04	1.47
苏氨酸	%	0.69	0.57	0.49	0.70
色氨酸	%	0.24	0.20	0.16	0.22
缬氨酸	%	0.80	0.66	0.61	0.86
矿物质					
钙	%	0.90	0.90	0.90	3.0
总　磷	%	0.66	0.66	0.66	0.72
有效磷	%	0.36	0.36	0.36	0.43
钠	%	0.16	0.15	0.15	0.28
氯	%	0.14	0.14	0.14	0.12
钾	%	0.40	0.40	0.40	0.30
镁	毫克	500	500	500	500
锰	毫克	47	47	47	60
锌	毫克	62	62	62	72
铁	毫克	96	96	96	72
铜	毫克	12	12	12	10
碘	毫克	0.48	0.48	0.48	0.48
硒	毫克	0.15	0.12	0.12	0.12
维生素					
维生素 A	单位	8250	8250	8250	11250

续表 4-2

营养成分	生长阶段				
	单 位	0～4 周龄	4～9 周龄	9～14 周龄	产蛋期
维生素 D	单位	600	600	600	1200
维生素 E	单位	15	15	15	37.5
维生素 K	毫克	3.0	3.0	3.0	3.0
硫胺素	毫克	3.9	3.9	3.9	2.6
核黄素	毫克	6.0	6.0	6.0	6.5
泛 酸	毫克	9.6	9.6	9.6	13.0
烟 酸	毫克	60	60	60	52
吡哆醇	毫克	2.9	2.9	2.9	2.9
维生素 B_{12}	毫克	0.020	0.020	0.020	0.013
胆 碱	毫克	1690	1430	1430	1430
生物素	毫克	0.1	0.1	0.1	0.1
叶 酸	毫克	1.3	1.3	1.3	0.65

备注：资料来源：Shen(1988)，鸭营养需要量手册。

第三节 蛋鸭饲料配方设计

一、全价饲粮配方设计的原则

蛋鸭料的配方是根据蛋鸭的营养需要、饲料原料的营养价值、原料质量现状、生产成本，以及市场需求等因素来合理确定各种饲料原料的配合比。为了获得蛋鸭最大的生长性能，并取得最大的经济效益，必须结合实际，合理地设计蛋鸭料配方。

（一）鸭饲料配制的基本要求

配制的日粮要与饲养标准接近，以免引起营养缺乏或过多，造成某些营养缺乏症的发生或经济损失。鸭是"依能而食"的家禽，当饲料的能量水平高时，采食量减少，当饲料的能量水平低时，采食量增加。所以，鸭饲料中的蛋白质与能量比例要平衡，否则会使饲料消耗增加。配制蛋鸭日粮宜选用多种饲料原料，以便在营养上互相配合，取长补短。另外，各种饲料原料必须充分拌匀，特别是多种维生素、微量元素和药物等各种添加剂。

（二）非常规原料的应用

目前，饲料原料价格呈现高价位状态，给设计蛋鸭料配方带来了难题，这就要求在设计饲料配方时必须做到理论与实际相结合，改变传统的饲料配方配制模式，转变传统饲料配方设计思路，利用新型饲料原料代替常规饲料原料，在安全许可、不影响或少影响饲料品质的情况下，用一些原来未用或少用的新原料来部分替代常规原料，这是解决当前难题的有效途径之一。例如，玉米皮、玉米浆、玉米麸、玉米胚芽粕等玉米深加工副产物，以及啤酒渣、酱油渣、味精渣等，只要安全上不存在问题，都可以考虑利用。对于非常规原料的使用，是否会影响饲料的品质和饲料的利用效率，这可通过合理设计饲料配方和改进加工工艺，以及添加酶制剂来降低非常规原料存在的不利因素。在原料高价位的环境下，也可有条件的扩大某些非常规原料或受限较严原料的使用比例，比如玉米酒糟(DDGS)、菜籽粕、棉籽粕等。可通过结合自身实际，进行饲养试验，摸索这些相对易寻、相对低价的原料的最大用量，提高这些原料的利用价值。

（三）酶制剂的应用

酶制剂作为一种新型高效、安全的饲料添加剂，添加在蛋鸭日粮中，能有效地促进蛋鸭生长，提高饲料利用效率，降低饲料成本和提高经济效益。酶制剂能有效地降解蛋鸭难消化的物质，有助于提高一些低质价廉的非常规原料在日粮中的配比，使各种饲料原料得到充分利用，有效降低生产成本。

1. 酶制剂在麦类日粮中应用　小麦的主要抗营养因子是阿拉伯木聚糖和少量β-葡聚糖，它们能像海绵一样吸收大量水分，加大食糜黏滞度，干扰营养物质的吸收。添加复合酶（木聚糖酶、β-葡聚糖酶等）能降低阿拉伯木聚糖等非淀粉多糖，降低肠道黏度，提高小麦饲料营养价值。大麦中β-葡聚糖含量较高，β-葡聚糖可在β-葡聚糖酶的作用下被水解成葡萄糖，提高大麦的能量利用率。对于小麦大麦豆粕型日粮，加酶后能量调整幅度为6%～10%，氨基酸消化率为10%，因此可有效地降低饲料配方成本。

2. 杂粕型日粮中酶制剂的应用　在蛋鸭日粮配制时，为了有效降低饲料成本常常利用大量的杂粕（棉籽粕、菜籽粕、葵籽粕、芝麻粕及花生粕等），但由于这些原料本身含有较多的抗营养因子或对畜禽生长有害的成分，限制了饲料中的用量，而通过添加酶制剂可改善这种状况，因此可提高棉籽粕、菜籽粕、葵籽粕等的用量，达到降低饲料成本、提高经济效益的效果。

（四）蛋鸭料饲料制作需遵循的一些重要原则

1. 必须根据饲料的准确定位（即料比水平）制定配方　综合国内各地蛋鸭料营养水平来看，蛋白和能量水平不尽相同，生产应用中料蛋比也从2.6～3.3不等。料比不同饲料营养水平则完全不同，因此制定配方前必须调查清楚当地的饲料准确定位，然后根据定位确定饲料的营养水平（最基本的是确定饲料的能量水平，再按照设定的蛋白质氨基酸能量比例确定各种营养素的饲料含量，在决定饲料的料比水平时，能量因素的贡献占90%以上）。

2. 原料的配合使用　因国内蛋鸭的营养需要研究相对滞后，

目前对蛋白质氨基酸的确切需要量及各种氨基酸的比例问题尚无权威定论，而各种原料的氨基酸组成又差异很大，实际配方制作中应尽可能地考虑多种原料搭配使用，以避免单一蛋白原料造成的特定氨基酸含量不足问题。

3. 根据蛋鸭饲养阶段划分合理设计配方 我国蛋鸭体型差异较大，比如绍兴鸭体重 1 450～1 500 克，金定鸭 1 600～1 700 克；蛋鸭饲养又分育雏期、育成期以及产蛋期 3 个阶段，其中产蛋期还分为产蛋初期、高峰期及产蛋后期，不同阶段对饲料配方的要求不同。因此，设计配方前必须精确了解饲养品种不同生长阶段的特点，合理设计饲料的营养水平。

二、配方设计方法

设计饲料配方就是根据动物营养学原理，利用数学方法，求得各种原料的合理配比。制作配方的方法很多，如方形法、试差法、线性规划法及电子计算机配方等。

值得注意的是，一个好的配方并不是通过简单的计算就可以得到的。它通常是动物营养专家根据营养原理和配方经验初拟配方，然后利用电子计算机进行优选，最后通过饲养试验筛选验证才得到的。一般用户只要掌握了一定的知识和技巧，也可根据自己的饲料及饲养情况设计配方，以解决生产中的需要。本节主要介绍几种常用的饲料配方设计方法。

(一)试差法

试差法也叫试配法。这是一种最原始的方法。也是一种实用的饲料配方方法，对于没有学习过饲料配方的人员很容易学习。并且不受饲料原料种类和营养指标数量的限制。在手工计算的情况下，如饲料原料种类多、考虑的营养指标多，则设计饲料配方会很费时、费力。其实质是反复对比所给饲料中提供的各营养物质总量与标准需要量，并根据两者之差反复调整饲料供给量，以求其差别逐渐减少，直至消失为止。

应用试差法配合日粮时，首先根据饲养标准查出饲喂对象的相应营养需要量，再依现场条件选定所用饲料若干种，并由饲料成分及价值表中查出所选各种饲料的营养成分含量，最后根据饲喂对象的特点及饲用原料的性质，一步步确定各种饲料的供给量，并计算所提供的营养物质数量；根据提供的各营养物质总量与查出的标准营养需要量间的差值，逐步变动各饲料的供给量，这样反复进行多次比较与调整，使两者最终趋近平衡。此时，日粮配合过程即告完成，而最终确定的各种饲用原料给量，就是日粮的饲料组成。此法简单实用，但须具有丰富的实践经验和扎实的动物营养学知识。

配合一种有科学依据的完善日粮，除依照上述原则及参考各种影响因素外，必须掌握下列参数：①相应的营养需要量（畜禽饲养标准）；②所用饲料的营养物质含量（饲料成分表及营养价值表）；③饲用原料的价格；④饲用原料的惯用量（经验数值）；⑤某些饲料原料的限制条件。

试差法制作饲料配方时注意事项：一是在计算时，中途应保留的小数点后 4 位有效数字不能随意四舍五入，否则会产生误差。二是在设计饲料配方时，为了使配方科学、有效，应对饲料原料提出约束条件，约束条件分为两端约束（如 55～65）和一端约束（如 0～20）。三要考虑饲料原料的来源、价格、运输、质量、种类、贮存等条件。四是选用的原料不宜过多，一般 10 种左右，只有这样，才能使饲料配方设计科学、合理、经济、适用、安全。

（二）对角线法

由于电子计算机配方软件已成熟，并已广泛应用，该方法已不再使用。

(三)线性规划法与电子计算机配方

采用试差法、对角线法等初等代数的方法,可以设计出简单的饲料配方,但计算量很大。当配方选用的饲料原料较多,必须满足的营养指标较多时,上述方法便无法胜任。尤其重要的是,凭直觉我们知道,各种原料有多种不同的组合构成不同的配方,其营养素含量都能满足饲养标准的要求,但其中必有一个成本最低,利用上述初等代数的方法找不到这个成本最低的最优配方。利用运筹学中的线性规划方法,借助电子计算机技术,可以很好地解决该问题。

1. 线性规划法 线性规划法是目前配方软件中最广泛采用、也最为成熟的一种方法。它将饲料配方所要解决的如何配料的问题抽象为控制一组决策变量(原料配比)在满足一组的约束条件(营养需要)下,求目标函数极小(配方成本最低)时各原料配比的最优解问题。关于线性规划的解,在数学上已提供了非常成熟和完善的方法。

除了最优解外,从线性规划中还可以获得影子价格、灵敏度等多种信息。灵敏度分析揭示出原料价格、原料营养素含量和配方的营养指标等的变化对配方结果的影响,还可计算出在保持配方、原料入选种类不变的情况下,原料价格的变化范围、营养指标的变化范围及各原料营养成分的变化范围。影子价格为用户的调整配方,进一步降低成本提供了帮助,上述功能同时为饲料厂的原料采购提供了辅助决策作用。

线性规划法的进一步应用,可以解决在某些原料资源存在限制而饲料厂诸多饲料产品都对这些原料存在竞争的情况下,如何最合理分配这些原料资源的问题。

需要指出的是,线性规划并不总是有解。当约束条件彼此互相矛盾，致使有些条件达不到要求时，就可以出现无解现象，哪怕这些偏离极细微。线性规划这种对约束条件过于苛刻、刚性的限制有可能失去一些最优解。目标规划法通过自动放宽约束条件，就可能找到一价格较低的营养平衡的配方，从而解决了该问题。此外，可以根据期望价格设计相应配方，使用人员结合实际情况可在配方价格与产品质量之间确定一个最佳平衡点。目标规划法的灵活性，要求配方人员具有丰富的营养理论知识和实践经验。

2. 利用计算机设计配方的步骤　近年来利用上述数学方法，结合计算机语言，我国已开发出了各种饲料配方（电子计算机）系统，并在生产中显示了极大的优越性。利用计算机设计配方的步骤如下：

（1）产品定位　进行配方设计时，必须根据市场情况进行产品定位，具体内容为：

①了解、摸清当地畜牧生产特征，如饲养管理方式，生产水平，环境条件，饲料原料情况，客户心理等，对该地区畜牧业状况做一初步评估，为产品的定位提供一个基本框架。

②摸清竞争对手情况，如产品结构、质量、价格、优缺点，找到一个产品切入市场的最佳定位点。

③正确分析自己的实力（资金、技术、设备、人员等），根据实际情况，做到量体裁衣，避免盲目定位。

（2）整理设计配方的依据信息　根据产品定位情况整理相关信息：

① 原料信息：包括原料价格和营养素含量，营养素含量确定的方法有：直接测定、通过回归公式进行计算[不易测定的（AA）和有效能]查阅资料。

② 产品信息：根据使用对象和使用阶段确定营养需要量，也即饲养标准。

(3)优化饲料配方

① 根据上述信息,优化计算出饲料配方,即理论配方。

② 运用营养学知识,对理论配方进行检查考评,不断调整,不断优化配方结果,直到满意,形成生产配方,指导生产。

(4)饲养实践　实践是检验饲料配方效果的唯一标准。通过实践的检验不断总结经验,解决可能存在的问题,提高产品质量。

3. 商用饲料配方软件　推荐使用农博士饲料配方软件 PFStool 远程在线:http://www.nbs.net.cn/pfsm.html 农博士饲料配方软件 PFStool 可计算全价料、浓缩料、预混料,提供多配方技术,提供高级版算法,除具备配方软件应该具有所有功能外,特别提供营养标准、原料数据、配方交流共享功能,开辟了公开交流和私密交流区。

农博士饲料配方软件 PFStool 采用在线远程数据库验证方式进行正版用户身份识别,在线远程数据库仅记录客户@号账号信息,客户计算和保存的配方均为客户个人所有,即存放在用户自己电子计算机内。在线远程数据库不保存客户配方信息。

PFStool 在线远程数据库在用户自愿提交共享的前提下,提供 PFStool 用户间配方数据、原料数据、营养数据的免费交流存放功能,用户可以随时删除暂存在远程数据库上的共享数据。PFStool 系统采用了自主服务器,全心全意为 PFStool 用户提供优质的在线数据服务保障。搭建 PFStool 用户间数据交流交换的免费平台。提供配方互助支援功能,可以提出问题,寻求其他用户支援。

使用农博士饲料配方软件 PFStool 计算出来的饲料配方制作的饲料,可以使客户花同样多的钱,买走同样营养价值的饲料,但是饲料厂的毛利上升了,运输成本、仓储成本却同时都降低了。也就是说,农博士饲料配方软件 PFStool 可以提供优质高价又能创造更多利润的饲料。

PFStool提供配方求助功能，可以发起无偿或悬赏求助。有偿悬赏求助，PFStool扣除10%服务费用，奖金由悬赏者分配给参与回答问题的用户。

三、蛋鸭常用饲料配方

（一）饲料配制原则

1. 饲料原料　配方在选用原料时，应具有易操作性。要求饲料原料的品质稳定，数量充足，价格适宜，具有地方资源优势。饲料应保持新鲜。为了防止饲料发霉变质，饲料应存放在干燥处，不应将饲料存放在鸭舍内。

2. 营养适宜　配制蛋鸭日粮应根据鸭的年龄段和采食量确定配合饲料的适宜营养浓度。其参考配方是：①蛋小鸭（1～8周龄）：玉米58.7%，豆粕26%，菜籽粕或棉籽粕7%，石粉4%（骨粉、贝壳粉均可），预混料4%，食盐0.3%。第一周雏鸭建议全部饲喂全价颗粒饲料。②蛋中鸭（8周龄至开产）：玉米64%，豆粕16%，菜籽粕或棉籽粕6%，石粉9.7%（骨粉、贝壳粉均可），预混料4%，食盐0.3%，复合维生素适量。③产蛋期鸭：玉米51%，豆粕22%，菜籽粕或棉籽粕3%，次粉10%，石粉9.7%（骨粉、贝壳粉均可），预混料4%，食盐0.3%。

3. 使用添加剂　添加剂的主要成分有氨基酸、维生素和矿物质等。资料证实，在50千克常规蛋鸭日粮中添加80克蛋氨酸和50克赖氨酸，鱼粉从4千克左右降到2千克左右，而产蛋量、蛋重等均不会受影响。维生素添加剂完全可以替代青饲料的营养功能，不仅可以起到补充维生素的作用，还能节省大量青饲料，减轻养鸭户的劳动强度，降低养鸭生产成本。

(二)常用饲料配方推荐

常用饲料配方推荐,见表 4-3。

表 4-3　推荐性饲料配方　(%)

原料名称	雏鸭料	青年鸭料 4～8 周	青年鸭料 8 周至开产	推荐 1 产蛋期	推荐 2 产蛋期	推荐 3 用于味精渣
玉　米	48.3	58.3	51.2	41.5	40.5	37.5
小　麦			40			
四号粉(白)	15	15		12	15	14
麦　麸	3	5				
豆　饼	26	10	5	16	18	5
鱼粉(进口)	4			1	1	
鱼粉(国产)		3		2	1	4
菜籽饼		5		8	10	5
棉籽粕				4	2	
沸石粉						2
膨润土				2		
石　粉	1	1	1	4	4	4
贝壳粉				4	4	4
味精渣(干)						20
青　糠				3		
食　盐	0.2	0.2	0.3	0.2	0.2	0.2
磷酸氢钙	1.5	1.5	1.5	1.2	1.2	1.3
氯化胆碱(50%)				0.5		0.5
动物油脂						1.5
添加剂	1	1	1	1	1	1

第四节 饲料加工调制和质量控制

一、饲料的加工技术

(一)蛋鸭配合饲料加工的主要工序

蛋鸭配合饲料的加工一般分为原料的接收和清理、原料的粉碎、配料、混合、制粒、成品包装(或散装)等工序。

1. 原料清理 主要是清除原料中的杂质,如铁屑和石块等杂物。

2. 粉碎 饲料原料的粉碎是蛋鸭饲料加工中最重要的工序之一,这道工序是使团块或粒状的饲料原料体积变小,粉碎成蛋鸭饲养标准所要求的粒度,它关系到配合饲料的质量、产量、电耗和成本。原料经粉碎后,其表面积增大,便于蛋鸭消化吸收。蛋鸭日粮中谷物粉碎粒度以中等颗粒为宜,即几何平均直径为0.7～0.9毫米为宜。随日龄增加,粉碎粒度大小也相应增加,蛋鸭粒度应在0.8毫米以上。

3. 配料 即按给定配方采用特定配料装置,对多种原料进行给料和称量的过程,是保证配合饲料产品质量的重要环节。考虑到称量精度及部分成分可能具有腐蚀性,预混料添加剂通常是人工称量后直接投入混合设备中。

4. 混合 饲料混合是指将饲料配方中的各种成分,按规定的重量比例混合均匀,使得整体中的每一小部分,甚至是一粒饲料,其成分比例都与配方所要求的一样。饲料混合的好坏,对保证配合饲料的质量起重要作用。要做到均匀混合,微量养分如氨基酸、维生素、矿物质等应经过预混合,制成预混料。在预混合时应先添加量大的成分，然后再添加量少的成分，混合时间长短应通过检验饲料混合均匀度的试验来确定。预混料的变异系数(CV)要求不大于5%，而配合饲料的变异系数(CV)要求不大于10%。

5. 制粒 把粉状的饲料制成颗粒状的饲料要通过挤压才能完成。一般将饲料混合物添加4%～6%的水(通常用蒸汽调质，适宜温度在98℃左右)，进入制粒机后，饲料含水量由环境温度下的风干状态(含水量为10%～12%)增至80℃～90℃的15%～16%。水分在挤压时起到润滑作用，热量使植物性饲料成分表面的生淀粉发生糊化作用。饲料随后从环模出料口挤出时，进一步摩擦使饲料的温度提高到将近90℃，必须冷却至温度略高于环境温度，同时干燥至含水量12%以下，才可进入下一工序。

6. 筛分和包装 制粒后配合饲料经筛分除去碎渣和粉末，包装后贮藏。碎渣和粉末再返回加工。

(二)蛋鸭配合饲料的生产工艺

目前我国蛋鸭配合饲料的生产一般均采用重量式配料、间歇混合、分批次生产的工艺。这种生产工艺在实践中可分为两类：一类是先粉碎后配料、混合的生产工艺，另一类是先配料后粉碎、再混合的生产工艺。

1. 先粉碎后配料的生产工艺 这是我国目前较多采用的生产工艺。工艺流程如下：

原料接收—清理除杂(筛理、磁选)—粉碎—配料—混合—压制颗粒—筛分—粒料成品包装(或散装)—粉料成品包装(或散装)

这种工艺的特点是原料可分品种进行粉碎，有利于充分发挥粉碎机的效能，可按物料特性、品种(生长阶段)、对象生理要求选择粉碎粒度。由于原料按品种分别粉碎，因而需要较多的配料仓。同时，由于频繁更换粉碎原料，使操作麻烦。但这种工艺对原料品种较多、配方多变、配比要求高的蛋鸭饲料生产是适用的。

2. 先配料后粉碎的生产工艺　目前我国只有少数家禽饲料生产采用这种生产工艺。工艺流程如下：

原料接收(清杂)—配料—筛理—粉碎—混合—制粒—筛分—粒料成品包装(或散装)—粉料成品包装(或散装)

这种工艺的特点是：

①先行配料统一粉碎，故混合前饲用原料组分粉碎粒度均匀一致，便于生产颗粒饲料。

②可以节省料仓，因为此种工艺的配料仓就是原料和辅料的贮存仓，粉碎仓只起缓冲作用。

③工艺的连续性要求设备配套性能好，技术水平高，在配料后设筛理工序可以将不需粉碎粉状原料与辅料筛出直接送至搅拌机混合。

二、饲料的品质控制

高品质的饲料不仅能为企业赢得好的信誉，而且能给企业带来好的效益，使企业在激烈的市场竞争中立于不败之地。所以，饲料企业的饲料品质控制是非常重要的一环。饲料的品质控制除了企业要建立一个完整的质量管理体系和完善的质量管理制度外，在具体内容上笔者认为主要应做好以下几方面工作。

(一)原料质量管理

原料品质的好坏，直接影响饲料品质的好坏，对原料质量给予关注，不仅可以在经济上受益，同时饲料成品中营养成分含量的变化的很大一部分可以追溯到饲料原料上来，只有良好的原料品质，方可生产出高品质的饲料。

1. 原料接收　原料接收是饲料企业的关键点，也是一个难点，把好原料接收质量关极为重要。首先要有完整的企业内部原料质量验收标准，包括取样办法。原料进厂必须做到严格按质量标准验收，杜绝各种人情关系，对进厂原料首先按规定办法取样，进行水分及感官指标的验收，不符合标准的直接退货，合格的填写质检报告单，质检报告单随车过磅；主要原料卸料时，还要按10%抽取大样检验，不符合标准的退货，合格的方可入库。同时，根据不同原料还要做相应的营养指标检测，不符合标准的退货，有争议的请质量仲裁部门检测。入库原料由品管部门及时挂上质量标志牌。

2. 原料贮存 原料入库必须按规定的要求进行堆放，做好防潮、防霉变、通风等措施。同时，在贮存过程中，由品管部门定期有步骤地对原料进行质量检查，发现问题及时解决，不留质量隐患。坚持先进先出，推陈贮新原则。

（二）加工过程控制

把高质量的原料加工制成高品质的饲料成品的过程涉及到员工素质、机器设备和工序控制等多方面原因，这些因素任何一个出现质量失控就不能始终如一生产出高品质的饲料，要实现生产高品质饲料的目标，必须将这几方面因素统一起来。

1. 提高员工素质 员工素质对整个加工过程影响都很大，企业对员工应及时有步骤地对他们进行岗位技能培训和企业精神教育，不仅使他们熟练掌握操作技能，还要使他们明确自己岗位对整个生产质量的重要性，使他们具有责任感和敬业精神，明白自身命运与企业紧紧联系在一起，只有尽心尽责和企业同舟共济，才是唯一出路，从而达到提高员工质量意识和工作质量，确保加工出高品质的饲料。

2. 加强设备管理 只有一流的设备，才能生产出一流的产品，加强设备管理对生产出高质量的饲料极为重要。规范设备操作程序，做好设备的例行维护保养和润滑工作，并定期维护检修，将有助于减少设备的各种问题发生，使设备始终保持正常运行状态，确保生产正常进行。

3. 加强主要工序的质量控制与监督

（1）投料控制　投料是生产过程中一个很重要的环节，正常情况下原料投用必须根据品管部门的安排，遵守先进先出原则，不得擅自用料，投料过程中发现问题及时通知品管人员到场，确认无异常后方可投入使用，有异常的原料需在品管人员监督下，严格挑选后方可投用，杜绝不合格的原料投入使用；另外，相关品管人员要加强巡视监督检查，确保原料投入质量。

（2）配料控制　必须在检查核对配方无误后，方可进行正常配料，并监督检查各种添加剂及添加料配制是否正确，定期校验各种配料秤，确保配料计量准确。另外，要随时检查配料仓的进料情况，不得换错仓。

（3）混合均匀度控制　无论生产何种饲料都必须严格按照规定的混合时间进行混合生产，不得随意缩短混合时间；同时，定期进行混合均匀度的测定，以保证混合时间准确无误，确保混合质量。

（4）制粒控制　在颗粒料生产时，必须随时检查粒度、硬度、粉化率、含粉率、气味、色泽等，根据季节或原料含水量调节蒸汽压力和蒸汽温度，以保证达到一定的调质效果，从而提高和保证颗粒料的质量。

（5）冷却控制　严格控制冷却温度，确保冷却后粒料温度在低于室温7℃以内。随时检查粒料温度，有问题及时调整冷却时间和检查冷却器及其风网系统是否正常工作，及时排除故障。

（6）分级控制　根据生产饲料的不同，选择配备不同的分级筛网，若出现分级筛堵塞或成品料中含粉率过高，均属分级筛网选择配备不当，应及时调整，确保分级效果。

（7）打包控制　重点对产品进行感官监督，如粒度、色泽、气味等感官质量。同时，负责抽包检验，检查缝口、生产日期、批号等，如发现不符合要求的应及时处理。

（三）成品管理

1. 成品检测 对成品检测是必要和重要的，可以杜绝不合格产品出厂，避免造成更大损失。成品入库前，每批次必须进行感官上的检查，无异常的方可入库，有异常的必须通知品管人员到场核实解决，入库的成品每批次必须由品管部门随机抽样进行相应的营养指标及水分检测，不符合标准的要及时处理，并查明原因，不得销售出库，以避免造成更大的损失。

2. 成品保管 入库的成品，必须按规范、按品种及生产日期分区堆放，并保证通风、干燥，以保证饲料的新鲜度及不发生霉变。同时，遵守先进先出，推陈贮新的原则。

第五章　蛋鸭饲养管理

第一节　蛋鸭育雏期的饲养管理

一、育雏方式

蛋鸭育雏的饲养方式主要采用地面平养、网养和立体笼养等方式。

(一)地面平养

地面平养就是在地面铺厚10厘米左右的垫料(垫料可经常更换,也可到育雏结束时一次性清理),将料槽(或开食盘)和水槽(或饮水器)置于垫料上,雏鸭在垫料上活动和休息,这种育雏方式叫地面平养。供暖方式也有两种:一是整体供暖,如煤炉、热风炉、暖风机和火道或烟道等;二是局部供暖与整体供暖相结合,如煤炉火加控温育雏伞、暖气加控温育雏伞、热风炉加控温育雏伞、暖风机加控温育雏伞等,与整体供暖相比,局部供暖与整体供暖相结合的供暖方式更能节省能源,但投资稍大些。

地面平养的优点是设备投资较少,鸭舍空气好,雏鸭患腿疾机会较少,对饲料的要求不太严格;缺点是饲养密度小,占地面积大,因雏鸭与地面接触而感染消化道疾病的概率增加。目前种鸭场大都采用这种育雏方式。

(二)网养和立体笼养

目前,大多数采用地面平养育雏外,在饲养量大的地区,也可采用网养和立体笼养的育雏方法。

笼养育雏有许多优点：与平养相比较，可提高单位面积的饲养量；笼育全在人工控制下饲养，不进行放牧，从而有利于防疫卫生，有效地防止一些传染病和寄生虫病发生，可提高育雏成活率；笼育后可以充分利用育雏舍空间的热气，所以可以节省燃料，同时可提高管理定额，减轻艰苦的放牧劳动，节约垫料，便于集约化的科学饲养和管理。笼具一般采用金属或竹木结构制造，笼长 2 米，宽 0.8～1 米，笼层高 20～25 厘米。底板采用竹条或金属网板，网眼为 1.5 厘米^2，上层底板离地面 1.2 米，下层底板离地面 0.6 米，上层底板下配置一层承粪板，下层不设承粪板，让粪便直接落在地面，这样，构成两层笼的装置，料槽放在笼外，饮水器可以放在笼的两端或笼的另一边，最好采用长流水。

网养育雏：优点与笼育相似，劳动效率高，垫料省，避免一些传染病和寄生虫病的传染源，从而提高成活率。网材多采用金属编织网或钢板网，网眼为 1.5 厘米^2，网架材料视网的强度而定，网壁高 30 厘米，网板底高于地面 60～90 厘米，网的长度视育雏舍而定，但要隔成小栏，每栏饲养雏鸭 150～200 只为宜，料槽和饮水器可设置在网内两侧或网外走道边沿。料槽内沿高 5 厘米，外沿高 15～20 厘米，长度视网长而定，饮水器深 8～10 厘米。

笼养和网养雏鸭时饲养管理较严，要求配给全价的饲料，并制成颗粒饲料，饮水要保持不断，保温期的小气候要求稳定，不能突变，饲养环境要求安静，严防惊群。一般育雏 2 周左右就转在地面平养。

二、加温方式

加温方式根据具体条件，因地制宜，从能源、鸭舍结构、经济条件、育雏效果等多方面考虑，可选择合适加温方式，下面介绍几种常用的加温方式。

烟道：用砖、缸瓦或铁管等做成。烟道建在育雏舍内，一头砌有炉灶，设在室外，另一头砌成烟囱，高出屋顶，使出烟通畅。通过烟道把炉灶和烟囱连接起来，利用烧煤或其他燃料产热，热量通过烟道使舍温升高。温度的高低靠加煤的多少来调节。此法成本较低，适宜大规模饲养，适宜于产煤地区或供电无保证的地区采用。注意烟道周围应设置防护网，以免烫伤雏鸭。

煤炉：带有排烟管的炭炉，应检查烟筒是否漏烟，切忌无烟筒或烟筒堵塞，以防煤气中毒。

电热保温伞：用木板、纤维板或金属铝皮制成伞形或斗形罩，夹层填充玻璃纤维等隔热材料，上部小，直径 25～30 厘米；下部大，直径为 100～120 厘米；高 67～70 厘米；伞下安装电热丝或加热管，与自动控温装置相连接，可按育雏需要调节温度并能自动控温。也可用层板或竹条制成伞状的简易电热保温伞，竹条制成伞状后，伞内安装红外线灯或其他热源。此法简便省力，换气良好，育雏舍清洁，育雏效果好；但耗电量较大，育雏费用较高。

三、育雏前的准备

(一)育雏舍及其设备的准备

将育雏舍彻底清扫，对育雏舍和育雏设备、饲喂器具及照明系统、通风设备、电线电路等设施设备进行检修。

将育雏舍彻底清扫，地面、墙壁和门窗用高压水枪冲刷，冲洗后用 1%～2%火碱水浸泡地面 2～4 小时后，再用清水冲洗；水干后，再用 0.3%～0.5%过氧乙酸进行高压水枪喷洒消毒。准备足够的网床和开食盘、料槽、饮水器等育雏设备用具，待其清洗干净后，小件用 0.1%高锰酸钾溶液或百毒杀等消毒液浸泡消毒，大件可喷洒消毒，4～12 小时后再用清水冲洗干净。

待水干后，把地面、网床、料槽（开食盘）、饮水器和其他育雏用具放入育雏舍一同用 14 克/米^3 高锰酸钾、28 毫升/米^3 福尔马林密闭熏蒸，24 小时后打开门窗和排风扇排尽甲醛气味，并空置 2 周。

（二）饲料和垫料的准备

按照营养标准加工或购买品质好、营养全面、适口性强、粗纤维含量低、易消化、无公害的雏鸭料。一般使用颗粒料，并要求存放处阴凉干燥、通风良好。备足优质垫料，要求干燥、清洁、柔软、吸水性强、灰尘少，切忌发霉。常用的垫料有刨花、锯末、稻壳、切短的稻草和麦秸、破碎的玉米棒等。

（三）药物和疫苗的准备

按照（NY 5030）《无公害食品畜禽饲养兽药使用准则》的规定，选购备足常用的预防用兽药、治疗用兽药和消毒药。根据当地疾病流行情况及本场的实际，制定出科学的免疫程序；所用疫苗随用随买。

（四）试温、预温

进雏 2 天前，将设备安装布置好，地面平养要铺好垫料，网上平养要安装好网床，并对供热系统、通风系统、照明系统等进行检验调试，检查火炉供暖用的烟筒是否漏气。一切正常后要提前预温，将鸭舍内环境条件调到育雏所需要求，尤其是温度，待温度正常时，可以进雏。另外，如果鸭舍内空气相对湿度低于 60%，应及时进行人工加湿。

四、雏鸭的选择及运输

(一)选择优良的雏鸭

雏鸭品质的好坏直接关系着鸭日后的育成率和生产性能，因此在购买时必须逐只加以选择。在雏鸭选择时，首先考虑种鸭饲养质量、孵化场条件及出雏时间等，这是决定雏鸭品质好坏的基础条件。同时，还要根据雏鸭的外形以及育雏的季节来综合考虑。

1. 根据体型外貌选择　首先，要选择出雏日期正常的雏鸭，提早或延缓出壳者均不宜；其次，要根据外貌来选择健壮的雏鸭，即选择绒毛黄松洁净、体重大、头大、脚粗实、腹部大小适中而较软、脐部吸收良好、叫声响亮、举止活泼的雏鸭，坚决剔除瞎眼、歪头、跛腿、大肚皮、血脐等残疾的雏鸭。

2. 根据育雏季节选择　育雏的季节须仔细考虑，根据各个季节的气候条件，应选择最佳的育雏季节，以取得最好的生产效果和经济效益。

(1)春雏　指3～5月份孵出的雏鸭。春季气候逐渐回暖，阳光充足，对雏鸭生长有利，成活率和强健率高；到中鸭阶段，由于气温适宜，舍外活动时间长，体质好，生长增重快。不过春雏须注意做好保温工作，而且春季多雨高湿，气候多变，疾病容易入侵，处于炎热夏季的育成期要做好防暑遮阴等工作，所以管理须仔细认真，把各方面的工作都做得充分和完善。

(2)夏雏　指6～8月份孵出的雏鸭。此时高温高湿，雏鸭食欲差，生长发育受影响，成禽的生产力较低，且防暑降湿工作量大。不过，夏雏一般不需供热保温。

(3)秋雏、冬雏　秋雏是指9～10月份孵出的雏鸭。冬雏是指11～12月份孵出的雏鸭。此时天气由暖渐冷，重点做好保温工作。

(二)雏鸭的运输

运输雏鸭也是育好雏鸭的关键。初生雏鸭最好在8～12小时运到育雏舍,如为远途运雏也不应超过48小时。

运雏最好有专用的雏箱,雏箱与车厢之间要留有空隙并由木架隔开,以免雏箱滑动。装卸雏箱时要小心平稳,避免倾斜。运雏车和雏箱事前要经过消毒,特别是运雏车要做好检修,防止中途停歇。当初生雏鸭胎毛干后即可起运,如天冷雏箱可加盖棉絮或被单。如天热则应在早晨或晚上凉爽时运输,并携带雨布。无论任何季节,运输途中都要经常检查雏鸭的动态,如发现过热致使其绒毛发潮(俗称“出汗”,实践证明这种雏鸭较难饲养)、过冷致使其挤堆或通风不良等现象应及时采取措施。

恶劣天气情况下的远途运输会对雏鸭造成很大的应激,有时可以采用传统的嘌蛋方式代替初生雏鸭的运输,即将孵化20天以后的鸭蛋经照检剔除其中的死蛋后,装在厚铺稻草的竹篮里,每篮装200～300个。起运日期应根据路程而定,以出雏前到达目的地为原则。运输途中注意防止震荡,保持温度适宜,并定时翻蛋,以防下层蛋过热。将蛋运到目的地后立即照检,拣出死胎蛋,然后继续孵化。也有在较晚日龄嘌蛋,雏鸭途中即陆续出雏,待到目的地时全部出完。

五、育雏期饲养管理

人们习惯上把0～3周龄的蛋鸭称为鸭苗或雏鸭,把这段时间蛋鸭的生产管理称为育雏期。这是蛋鸭饲养最为重要的阶段,育雏的好坏直接影响鸭的成活率、生长速度,与经济效益关系十分密切。因此,必须认真仔细,严格执行各项操作规程,科学管理,给雏鸭创造理想的环境和条件,如适宜的温度、湿度、通风、光照、密度、饮水、消毒、喂料、用药等，尽量减少应激的影响，使雏鸭发挥最大的生产潜力，为成鸭出栏打下良好的基础。

(一)育雏期的温度控制

温度是培育雏鸭的首要环境条件，温度控制的好坏直接影响到育雏效果。如果温度过高时，蛋鸭的采食量下降，生长缓慢，抗病力降低，易患感冒及呼吸道疾病；如果温度太低，为了维持正常体温，蛋鸭的耗料量增加，饲养成本上升，严重低温时雏鸭常因扎堆造成死亡。在整个育雏过程中，育雏开始时温度设在33℃左右，随着日龄增加温度应该逐渐降低。不同育雏方式的育雏温度要求见表5-1，注意表中建议的温度仅供参考，饲养管理人员密切注意观察雏鸭的表现，以调整育雏温度。当雏鸭在地面(或网上)均匀分布，活动正常，采食、饮水适中时，则表示温度适宜；当雏鸭远离热源，两翅张开，卧地不起，张口喘气，采食减少，饮水增加，则表示温度高，应设法降温；当雏鸭紧靠热源，扎堆挤压，则表示温度低，应加温。炎热季节应注意防止舍内温度过高，寒冷季节注意保温和防止贼风。进入第三周，开始训练脱温，以便转群后雏鸭能够适应育成舍的温度。

表5-1 推荐育雏温度 (℃)

日　龄	适用控温育雏伞		整体供暖(无控温育雏伞)
	控温育雏伞下	育雏舍内	
1～2	33～32	27	32～30
3～7	32～28	27～24	29～25
8～14	28～20	24～20	25～20
5～21	20～14	20～14	20～14
育成期	—	舍　温	舍　温

注：表中温度是指雏鸭活动区域内鸭头水平高度的温度。

蛋鸭羽毛丰厚，皮肤无汗腺，因而散热很慢很差。夏季注意给蛋鸭降温势在必行。在运动场用遮光网或其他覆盖物搭遮阳棚。运动场栽植高冠树木既可以遮阴又可以产生经济效益。加强鸭舍地面上的空气对流，起到通风降温的作用。有条件在鸭舍两端及鸭舍内安装一定数量的排风扇，沿鸭舍的纵轴通风。建棚时必须在棚顶铺装5～6厘米厚的稻草或麦秸起隔热作用。在每天中午高温之前向鸭舍饮水岛内进行灌水，供鸭饮用的水最好是刚从井中汲上的清凉的水，而不能是已被太阳晒得温热的水。在这期间一律不能断水。可在饮水中添加维生素C、维生素E等药物。要尽量降低饲养密度。中午、下午天气炎热的时间内停止添料，改为早上和夜晚添料，减少蛋鸭活动，减少热应激。

（二）湿度控制

湿度是指雏鸭生活环境周围空气中水分的含量。湿度对雏鸭生长发育的影响不像温度那样大，但空气中水分含量少，空气干燥，加上舍内温度很高，若再供水不足，会导致雏鸭脱水甚至死亡；如果空气中水分含量多，舍内温度很高，会导致鸭苗有闷热感。如此时舍内湿度大，温度偏低，会导致雏鸭有湿冷的感觉，聚大堆，不爱动，不采食。

雏鸭较适宜的环境空气相对湿度为55%～65%，育雏第一周湿度要稍高些，为65%左右，育雏第二周湿度要低些，为60%左右，育雏第三周湿度再低些，为55%左右。育雏前期湿度过低，可在火炉上放一水盆或水桶蒸发水分，或者在地面、墙壁上喷水；中后期湿度过大时，应加大通风量，降低饲养密度，防止鸭舍漏水。

（三）密度控制

密度是指每平方米地面或网上单位面积饲养雏鸭数。密度要适当。密度过大，雏鸭活动不开，采食、饮水困难，空气污浊，不利于雏鸭生长；密度过小，鸭舍利用率低，生产成本高。不同的饲养方式，雏鸭饲养密度略有区别。地面垫料平养：育雏期雏鸭的饲养密度 30～35 只/$米^2$，育成期 5 只/$米^2$。网上饲养：育雏期雏鸭的饲养密度 40～50 只/$米^2$，育成期 6 只/$米^2$。

（四）光照控制

适当的光照强度可以促进雏鸭的采食和运动，有利于雏鸭的健康生长。育雏前期光照时间长、强度大。随着雏鸭日龄的增加，光照时间逐渐缩短，强度逐步减小。1～2 日龄 24 小时光照；3～4 日龄 22 小时，5～6 日龄 20 小时，7 日龄后视情况控制在 16～18 小时。光照强度在育雏初期使用 100 瓦白炽灯或 36 瓦节能灯。大强度光照有利于雏鸭兴奋，增加采食。在 7 日龄以后，白天利用自然光照，夜间也逐渐降低灯泡瓦数，夜间提供灯光亮度以蛋鸭能看清采食、饮水的设备为宜，便于雏鸭熟悉环境，寻食和饮水。一般多用 8 瓦左右的节能灯，既省电，又可保持鸭群安静。

（五）通风调节

由于育雏期间为了保持鸭舍内的温度，采取了多种封闭保温措施，减少了鸭舍内空气的流通。但雏鸭的饲养密度大，排泄物多，氨气和硫化氢等有害气体也增多。因此，必须注意通风换气，排除有害气体（以排出氨气最为重要）。适当的通风可以保持舍内空气新鲜。良好的通风对于加快蛋鸭迅速生长非常重要。夏季加大通风还有利于降低鸭舍内温度；冬季通风时注意保温，防止“贼风”，防止因通风导致鸭舍内的温度大幅度下降。

（六）饮水管理

做好育雏期间小鸭的饮水很关键。有人说：“可以一天不吃料，不可一时不喝水”。虽然这话说得不完全准确，但也足以说明给小鸭饮水的重要性。育雏对水质的要求比较严格，最好不要饮苦咸水（这种情况在山东、河北的一些地区较为普遍）。pH 值应在 7 左右，大于 8 的饮凉开水，饮 3～5 天，然后饮井水。夏天饮从井里直接抽上来的水，这时水中微生物没有大量繁殖，含细菌较少。冬天蛋鸭饮水不要饮从井里直接抽上来的水，直接饮用水太凉，小鸭不适应，水要在水罐停留2小时以上再给雏鸭饮用。要在开食前先给鸭雏饮足够的水。由于雏鸭从出壳再转运到养殖舍需要较长时间停留和运输，特别是夏天拉运雏鸭的车内的温度较高，雏鸭体内的水分散发较快，极易脱水。养殖户要在雏鸭到育雏舍前30分钟把饮水器用消毒药消好毒，再用干净清水冲洗干净，15分钟后将0.1%电解多维、5%葡萄糖、适量恩诺沙星添加到为雏鸭准备的饮水中，待药品溶解后灌入饮水器均匀摆放在育雏舍内。雏鸭进舍1小时后让其自由饮水。为引导和调教雏鸭饮水，可以用手敲打饮水器的边缘，用声响引导雏鸭来饮水。也可将个别雏鸭的喙浸入水中，让其饮到少量的水。只要有个别雏鸭知道在饮水器内饮水，其他雏鸭就会跟上饮水。这期间饲养人员要呼唤蛋鸭使之跟着饲养人员声音跑动，有利于雏鸭健康。饮水器中装水不要太多，够饮用2小时即可。如果水灌得太多会长时间饮用不完，这时舍内温度很高，水和药物易变质，影响雏鸭健康。饲养人员发现有空的饮水器要及时将其取出用提前配好的消毒水消毒，再用清水冲洗干净，灌上水放回原处使用。随着雏鸭日龄增加，饮水器要逐步向饮水岛一侧移动，7天之内使之全部靠近饮水岛，开始使用普拉松自动饮水器，到雏鸭普遍学会用上普拉松自动饮水器后再逐步把小鸭用的饮水器撤出，不要刚用上就一次性把小鸭用的饮水器全部撤掉。否则，会有部分蛋鸭由于不适应普拉松自动饮水器而饮不上水影响生长发育。

（七）喂料管理

在雏鸭开始饮水1～2小时，绝大部分雏鸭都饮上水后再给蛋鸭添加饲料开始喂料。首先要将全价颗粒饲料碾压破碎使之颗粒变小（也叫“开食”）。因为小鸭嘴小，饲料颗粒过大吃不进去，影响采食。3天以后再用雏鸭专用颗粒饲料。目前多数采用集中给料、自由采食的方法。使用开食盘添加饲料，一次投料不宜过多，要少给添勤，保持料盘内始终有少许饲料即可。否则，饲料堆积在开食盘内，易使饲料与鸭只带入盘中的垫料、粪便混合，造成饲料的污染和浪费，影响蛋鸭健康。也有部分养鸭户采用定时喂料法。即育雏阶段每2～3小时投料1次，随着蛋鸭日龄的增加逐步延长投料间隔时间。注意：一旦定下喂料时间就不要随意改变，否则，对蛋鸭应激很大。一般在育雏7天以后停止使用开食盘，开始换用料筒喂料。调换方法是提前1～2天在料盘之间混合添加少许料筒，使鸭子认识料筒并开始在料筒上采食，然后再逐步撤出开食盘，全部换上料筒。在料筒中添加饲料的数量不要超过2/3处。料筒要摆放整齐，有利饲养人员添加饲料。养鸭户在打开饲料袋时一定要把封袋绳保管好，不要混入饲料被鸭子误食，造成鸭子死亡。如果饲料受潮，袋子角上会有板结的饲料，时间稍长会发霉变质，这样的饲料不要给鸭子食用。蛋鸭吃到发霉饲料易得曲霉菌病或引发其他疾病。

（八）扩群管理

育雏期间雏鸭生长非常迅速，体重快速增加，采食量、饮水量加大，粪便排泄增多。所以，要根据蛋鸭生长发育的方式适当调整鸭群密度。蛋鸭密度过大不利于舍内环境控制，易传播疾病，易出现惊群或鸭只互相挤压造成死亡。为了提高育雏期成活率，减少雏鸭感染疾病，给雏鸭创造良好的生长环境，必须适当扩群以减少密度。一般7天扩大鸭群占用鸭床面积一次。扩群时地面上要撒上石灰，铺好垫料，绑好隔网；扩群一般在鸭子采完食2小时以后，一天中温度最适合的时间进行，这样可以减少对鸭子生长的影响。

（九）投药管理

饲养雏鸭前3天给喂些营养性药物，比如饮水中添加0.1%

电解多维，5%葡萄糖。这样，可以缓解雏鸭由于长途运输造成的疲劳，增强雏鸭抵抗力，减少新环境造成的应激。蛋鸭育雏期易发病日龄在12～15日龄，这期间易发生大肠杆菌病和浆膜炎。养鸭户一定要提前全群用一次抗生素，饮水投药连用3天。饮水给药注意事先要给鸭群控水2小时，再给鸭群饮用药水，药水饮完再给饮清水，否则会有部分鸭子饮不上药水，达不到预防疾病的效果。

（十）消毒管理

控制蛋鸭育雏期间疾病应以预防为主，而多数养鸭户往往疏忽而不重视消毒，存在侥幸心理，一旦蛋鸭发生疾病，不仅增加更多的药品成本，还很难控制疾病的发生和蔓延。所以，养鸭户要想养好蛋鸭，提高效益就必须重视日常预防性消毒工作。要做到每2天消毒1次，至少也得3天消毒1次。带鸭消毒时注意不要将消毒药直接喷到鸭身体上，正确方法是喷雾器喷嘴朝斜上方喷雾，使雾滴慢慢降落到鸭体上或鸭舍内其他空间。消毒药用量要严格遵守消毒药说明用量，千万不要以为浓度大消毒效果就好，养鸭户千万不要随意增加消毒药的浓度和用量。

（十一）垫料管理

鸭体迅速生长发育，胃肠容积增大，饲料的代谢加快，饮水增加，消化能力大大增强。粪便增多使舍内垫料更加潮湿，长时间不更换垫料加速了病原微生物繁殖。鸭体接触病原微生物将引发多种疾病，还使鸭体羽毛受损形成沤毛，鸭体皮肤溃烂，最终产生皮炎，这些都影响产品质量。因此，加强这一时期垫料管理非常重要。不下雨的晴好天尽量让鸭子在舍外运动，减少垫料使用量；阴雨天过后及时清除潮湿、粪便多的垫料。打开鸭棚前后塑料布或门窗加强通风，因为在清除垫料时会产生大量氨气和硫化氢，不加强通风会影响舍内空气质量。这期间垫料可以选择干沙土，以减少垫料成本。

（十二）控制啄羽

鸭群密度过大，地面垫料潮湿，通风不好，光照太强，饲料营养不全面等方面因素都会引起啄羽。啄羽在集约化、规模化、大群体蛋鸭生产中较为常见，更为重要的是，严重啄羽使鸭翅破溃流血，不仅影响蛋鸭生长，还严重影响产品质量。因此，养鸭户必须重视预防蛋鸭啄羽的发生。只要加强科学饲养管理，饲喂全价营养的饲料，补充各种维生素、矿物质及微量元素，保证饮水充足，加强鸭舍通风，温度、湿度适宜，鸭群密度适中，光照不要过强就可以减少蛋鸭啄羽现象发生。一旦发现有个别蛋鸭啄羽，应立即将鸭翅出血的鸭子隔离饲养，因为鸭子对血腥味敏感，会很快相互传播啄羽，导致越来越多鸭子开始啄羽。饲料中硫化物不足也可引起啄羽癖，可在饲料中添加1%硫化钙粉、硫酸钠粉或天然石膏粉。

（十三）关注鸭群

经常观察鸭群是蛋鸭管理的一项重要工作。通过观察鸭群，可随时调整鸭舍的温度、通风，改善鸭舍的饲养环境；并能提前发现疾病征兆，以便及早进行防治。

1. 观察行为姿态 正常情况下，雏鸭反应敏感，行动自如，精神活泼，眼明有神，采食、饮水正常，饮水吃料后均匀散布于全栏，睡觉时几只或十几只头向中央围成一个梅花形；如果雏鸭缩颈垂翅，羽毛蓬乱，闭目无神，站立不卧，身体发抖，不时发出尖锐的叫声，纷纷趋于热源扎挤成堆，外面的不断向堆里钻，说明育雏温度太低；如雏鸭撑翅伸脖，张嘴喘气，呼吸急促，饮水频繁，远离热源，说明温度过高；雏鸭群偏离热源或远离通风窗口，说明有贼风冲击；当头、尾和翅膀下垂，闭目缩颈，精神萎靡，呆立一旁，行走困难时则为病态表现。

2. 观察羽毛 正常情况下羽毛舒展，有光泽，贴身整齐。如全身羽毛污秽或羽毛脱落，表明湿度过大，如果全身羽毛逆立、蓬乱，多为发病的征兆。

3. 观察粪便 正常的粪便为青灰色，多成堆形，不硬不软，在粪便表面有少量白色尿酸盐沉积。当鸭患病时，往往排出绿色、白色、金黄色等异样的稀粪便。

4. 观察呼吸 当气候急剧变化，舍内氨气含量过高和灰尘大的时候容易诱发呼吸道病，所以遇有上述情况时，要观察呼吸频率和姿势是否改变，有无流鼻涕、咳嗽、眼睑肿胀和异样的呼吸音。

5. 观察饲料用量 鸭在正常情况下，饲喂适量的饲料应在当天吃完，当发现鸭采食量明显减少时就是病态的前兆，应认真分析原因，采取相应的措施尽快解决。

六、育雏期的疫病防治

雏鸭对自然环境的适应能力差，抵抗力较弱，常感染感冒、小鸭病毒性肝炎、球虫病和曲霉菌病、腹泻等疾病，影响雏鸭的成活率，因此要加强对雏鸭疾病的防治，以保证雏鸭健康成长。

（一）感　冒

多因天气忽冷忽热受风寒或垫草过分潮湿引起，病鸭鼻流清液，出现呼吸困难、咳嗽、流泪等现象。预防雏鸭患感冒必须注意保温，防止突然受寒，保持鸭舍干燥，并及时治疗。其方法有：

①每鸭用复方阿斯匹林 0.2 克，拌入饲料中喂服，每天 2 次，连续服 3 天。

②每鸭用氨基比林注射液 0.2～0.5 毫升进行肌内注射。

③每鸭用青霉素或链霉素 1 万单位进行肌内注射，连用 3 天。

（二）小鸭病毒性肝炎

本病多发生于 3 周龄以内的小鸭，死亡率颇高。其主要特征是全身抽筋、头向后背，故称为“背脖病”，双脚痉挛性反复蹬踢，有时在地上旋转。急性的常看不到明显病状，一出现背脖、蹬脚就死亡。防治方法：病害常发地区，对初生雏鸭最好用免疫母鸭的蛋黄匀浆后进行皮下注射，每鸭用 0.25～1 毫升，亦可降低死亡率和控制流行。

(三)球虫病

主要病症是先腹泻而后血便。球虫病死亡率高，对小鸭的危害更大。防治方法：搞好环境卫生，尽量避免小鸭食用病鸭粪便污染的饲料和饮水，保持鸭舍的清洁干燥。一旦发病，应及时用药治疗。防治方法：

①可用磺胺六甲基嘧啶按 0.1%混入饲料中喂，连喂 3～5 天。

②拌入 0.02%复方新诺明，连喂 3～5 天。

③拌入 0.04%氢羟吡啶，连喂 5 天。

④混入 0.01%地克珠利或拉沙星菌素，连喂 6 天。

⑤混入 0.02%氯苯胍，连喂 6 天。

(四)鸭曲霉菌病

主要症状是呼吸困难、气喘，有时发出干性特殊的“沙哑”声。病鸭死后解剖可见气囊和肺有灰白色小气结，如小米粒状。此种病多发生于南方多雨潮湿地区，严重时雏鸭死亡率可达 100%。防治方法：注意防潮，保持鸭舍干燥，绝不可使用发霉的垫草和饲料。鸭曲霉菌病目前尚无特效药物可治疗。一般可用制霉菌素拌入饲料中喂服，每天 2 次，每次每只鸭用 5 毫克，连用 3 天；或用灰黄霉素每只鸭用 500 毫克，每天 2 次，连用 3 天，有一定疗效。

(五)雏鸭腹泻

雏鸭腹泻是常见病，消化不良及其他多种疾病均可引起腹泻。防治方法：对一些疾病下药治疗。对一般腹泻症状，在饲料中混入

0.03%～0.40%土霉素或0.02%～0.03%诺氟沙星喂服，均可收到较好的疗效。

第二节　蛋鸭育成期的饲养管理

育成鸭是指4～5周龄至开产前的青年鸭，这个阶段称为育成期。育成鸭具有采食量大，消化力强，生长发育迅速，增重快，合群性强，适于调教和培养良好的生活规律，觅食和游泳等行为敏捷灵活，适于放牧饲养等特点。育成鸭可以根据自然条件、资金情况选择适宜的饲养方式。

一、选择适宜的饲养方式

目前，青年蛋鸭饲养方式分为集约化饲养和放牧饲养两种方式。集约化饲养即圈养，将鸭圈在固定的鸭舍和水围内进行饲养管理；放牧饲养指将鸭赶至野外觅食稻田、河流、湖泊等不同放牧场地的天然动、植物饲料，视觅食饥饱情况少量补饲或不补饲。

(一)集约化饲养

由于活动范围有限，育成鸭体重容易出现过肥过重，出现开产早、产蛋高峰期持续较短、整个产蛋期产蛋量不高等情况，因此要限制饲养，从饲料的质和量控制体重，可采用日粮代谢能为11兆焦/千克左右、粗蛋白质为15%～16%的较低营养水平，不同日龄的青年蛋鸭营养标准参考表5-2。饲养管理过程中要提供充足的料槽位置，保证每只鸭都能吃到饲料，使体重正常，均匀度一致。

表 5-2 青年蛋鸭营养参考标准（每千克风干日龄含量）

指 标	含 量	指 标	含 量
代谢能(兆焦)	11.3～11.1	锌(毫克)	60
粗蛋白质(%)	16.0～15.0	铜(毫克)	8
赖氨酸(%)	0.80～0.65	碘(毫克)	0.6
蛋氨酸(%)	0.30～0.25	维生素 A(国际单位)	4000
钙(%)	0.80	维生素 D(国际单位)	600
磷(%)	0.45	维生素 B_1(毫克)	4
钠(%)	0.15	维生素 B_2(毫克)	8
铁(毫克)	80	维生素 B_{12}(毫克)	0.01
锰(毫克)	100	维生素 E(毫克)	30

鸭舍要求场址应远离村庄和主干道 500 米以上，鸭舍应通风采光良好，坐北朝南，地势高燥。水面、运动场的面积分别为鸭舍的 1.5～2 倍，水深 2 米左右，无污染。鸭舍饲养密度根据青年蛋鸭日龄而定，一般情况下，35～70 日龄为每平方米 10～15 只，71 日龄至开产为每平方米 7～10 只。圈养环境温度为 5℃～27℃，过高或过低都必须采取防暑或防寒措施，最适宜环境温度为 13℃～20℃。光照方面，青年蛋鸭育成期每天光照时间稳定在8～10 小时，夜间补充弱光照明，光源功率按每平方米 0.5 瓦计算，白炽灯泡要求在 25 瓦以下，灯泡高度 2 米且等距离排列。另外，多与鸭群接触以防止惊群，每天赶鸭在圈内或运动场运动 2～4 次，每次 5～10 分钟；供应充足饮水；注意观察饮水、采食、粪便及精神状况，一有异常，及时采取相应措施。

(二)放牧饲养

放牧饲养可节约大量饲料，降低饲养成本，使鸭得到锻炼，体质得到增强。根据放牧场地大小确定每群饲养量，放牧时要安排好放牧场地和路线，摸清放牧区农作物布局，天然饲料情况、水源情况、道路情况，施肥、喷洒农药和疫病等情况。夏季炎热，一般在清晨和傍晚放牧，其余时间多在水中停留或在阴凉处；白天放牧出去，中午将鸭群赶到河岸等适当处任其洗浴，梳理羽毛，休息，天黑前应放牧返回，回舍前应清点数量，如有丢失要及时找回；放牧前不喂料，鸭群回舍后视其采食情况适当补饲。放牧赶鸭不要太快，游江过河应选择水浅的地方，上下河岸应选择坡度小、场面宽阔的地方，便于通行。根据自然条件，放牧饲养可分为农田、湖荡、河塘、沟渠放牧和海滩放牧。

1. 农田放牧　可利用水稻田、稻麦茬地等的稻谷、麦粒、昆虫及翻耕地时的蚯蚓等饲料。鸭群一边觅食，一边起到中耕除草、施肥和消灭寄生虫等作用，是农牧结合的好方式。放牧初期，鸭群需要一个从喂给饲料到放牧觅食的适应过程，应训练鸭群的觅食能力。将稻谷等饲料撒在地上，任其采食。随着鸭群日龄的增大，放牧时间逐渐延长，距离由近到远；行走时要走水路或有草地的线路，避免伤到鸭脚；放牧地较远时，途中应有避风雨的地方，放牧地附近还应有休息的场所。凡是刚施用过农药、除草剂、化肥的农田不能放牧，有疫情发生的地方也不能放牧。在农田茬口连接不上时，可利用附近的沟渠、湖荡、河塘进行放牧，也可暂时圈养。

2. 河塘、湖荡、沟渠放牧　鸭群可在这些地方的浅水处觅食水草、小鱼、螺蛳、小虾等动植物饲料。放牧初期，要训练鸭群觅食螺蛳的习惯，先将螺蛳轧碎后连壳喂，吃过几次后，再直接喂给小嫩螺蛳，最后将螺蛳撒在浅水中，培养鸭群在水中觅食整个螺蛳的习惯，经过一段时间的训练鸭群就能够觅食天然螺蛳了。放牧地应选择水较浅的地方，在沟渠中应逆水放牧，这样更容易觅食到食物。

3. 海滩放牧　海滩有丰富的动物饲料，每当退潮后，海滩上有大量的小鱼、小虾、小蟹等动物性饲料。海滩放牧的场地要宽阔平坦，放牧地附近应有淡水河流或池塘，供鸭群洗浴和喝水。鸭群下海前要先喝足淡水，放牧归来时让其在淡水中饮水、洗浴。如果鸭群单纯采集水生动物，会造成维生素 B_1 缺乏症，因此要适当饲喂糠麸类饲料。

二、采用先进实用的管理技术

（一）体重控制

蛋鸭品种在不同时期有自己的标准体重，它是衡量蛋鸭生长发育是否正常的重要依据。育成期间，每 2 周早上喂料前空腹称重 1 次，数量为鸭群的 10%。将所称体重与标准体重对比，可看出体重是否达标，生长是否整齐，为调整鸭群喂料量提供依据。称重时，结合羽毛生长情况观测鸭群生长是否正常，效果更好。青年蛋鸭不同日龄标准体重，参考表 5-3。

表 5-3　青年蛋鸭不同日龄标准体重

日龄（天）	29～59	60～89	90～119	120 至开产
体重（克）	380～410	400～960	960～1 320	1 350～1 500

（二）分　群

分群是为了使鸭群生长发育整齐一致，为以后开产一致和保持较长的产蛋高峰打下良好的基础，同时也便于饲养管理。根据体重分为达标体重、超标体重和低于标准体重 3 个类型，适当调整每天饲喂量，分开饲养。

（三）限制饲喂

通过限制饲喂控制鸭群体重，使育成鸭生长发育一致，适时开产。在分群的基础上，对于体重低于标准的增加一定的饲喂量；高于标准的减少饲喂量；达标的保持原饲喂量。放牧鸭群若群体较大，可分类分开放牧，通过放牧场地和补料进行调整，若群体小，可将体重较轻的弱鸭留在舍内补料饲养。最后将体重控制在适当的范围，如小型蛋鸭开产前的适宜体重为1 350～1 500克。一般而言，圈养鸭容易超重，应注意控制饲喂量；放牧鸭若因放牧场地所限而采食不足，则应注意补饲。

（四）加强日常管理

开放式鸭舍为自然光照，夜晚用弱光照，便于鸭群饮水和防止老鼠等引起惊群。圈养鸭舍要保持空气新鲜，加强通风，降低舍内湿度，保持干燥，可采用网养与地面平养相结合的饲养方式。地面用水泥铺成，有一定坡度，便于清扫鸭粪，舍外设运动场，或与鱼塘结合在一起，这种方式适宜于饲养种鸭。

（五）环境控制及免疫程序

加强饲养管理，提高青年蛋鸭的抗病力。鸭舍及运动场每天清扫1次，粪便无害化处理，搞好环境卫生。定期消毒、驱虫，杜绝疫病传播。青年蛋鸭35～70日龄间隔1周分别接种禽流感、禽霍乱疫（菌）苗1次，100～120日龄再分别重复接种1次；70～80日龄接种1次鸭瘟弱毒疫苗。

第三节　蛋鸭产蛋期的饲养管理

母鸭从19周龄左右开始产蛋至淘汰称为产蛋鸭，这个时期称为产蛋期。产蛋期饲养管理的任务是提高产蛋量和蛋重，减少破损蛋，节约饲料，降低死亡率，对种鸭还应注意提高种蛋质量，获得较高的受精率和孵化率。

一、了解产蛋鸭的特点和要求

第一，产蛋鸭胆大，与青年鸭完全不同，产蛋以后，胆子大起来，不但见人不怕，反而喜欢接近人。

第二，产蛋鸭觅食勤，无论圈养和放牧，产蛋鸭（尤其是高产鸭）最勤于觅食，早晨醒得早叫得早，出舍后四处寻食，放牧时到处觅食，喂料时最先响应，下午收牧或入舍时，尽管已经吃饱，总是走在最后，恋恋不舍地离开牧区。

第三，产蛋鸭性情温驯，喜欢离群，开产以后的鸭子，性情变得温驯起来，进鸭舍后就独个儿伏下，安静地睡觉，不乱跑乱叫，放牧出去，喜欢单独活动。

第四，产蛋鸭代谢旺盛，对饲料要求高，由于连续产蛋的需要，消耗的营养物质特别多，如每天产 1 个蛋，蛋重按 65 克计算，则需要粗蛋白质 8.78 克（按粗蛋白质占全蛋的 13.5%计算），粗脂肪 9.43 克（按粗脂肪占全蛋的 14.5%计算），此外，还有矿物质和各种维生素。饲料中营养物质不全面，或缺乏某几种元素，则产蛋量下降，如蛋数减少，蛋个变小，蛋壳变薄，或蛋的内容物变稀变淡，或鸭体消瘦直至停产。所以，产蛋鸭要求质量较高的饲料，特别喜欢吃动物性鲜活饲料，而在青年鸭时期常吃的粗饲料，此时已不爱吃了。

第五，产蛋鸭要求环境安静，生活有规律。正常情况下，鸭子产蛋都在深夜 1～2 时，此时夜深人静，没有吵扰，最适合鸟类繁殖后代的要求。如在此时突然停止光照，则可引起骚乱，出现惊群。除产蛋以外的其余时间，鸭舍内也要保持相对安静，谢绝陌生人进出鸭舍，避免各种鸟兽动物在舍内窜进窜出。在管理制度上，何时放鸭，何时喂料，何时休息，都要建立稳定的生活规律，如改变喂料餐数，大幅度调整饲料品种，都会引起鸭群生理功能紊乱，造成停产、减产的后果。

二、严格控制产蛋鸭生长环境

蛋鸭产蛋量不仅取决于品种、营养等因素，环境也是影响产蛋量的重要因素。因此，要严格控制产蛋鸭生长环境，为蛋鸭发挥最大的产蛋性能提供保障。其中，对产蛋影响最大的环境因素有光照和温度。

（一）光 照

光照的主要作用是刺激脑下垂体加强分泌促性腺激素，促进卵巢的发育，从而分泌滤泡激素和排卵诱导素，促进滤泡成熟并排卵。所以，在育成期内，控制光照时间，目的是防止青年鸭的性腺提早发育，过于早熟；即将进入产蛋期时，要有计划地逐步增加光照时间，提高光照强度，目的是促进卵巢的发育，达到适时开产；进入产蛋高峰期后，要稳定光照时间和光照强度，目的是保持连续高产。产蛋期的光照强度以 5～8 勒为宜，如灯泡高度离地 2 米，一般鸭舍按每平方米 1.3～1.5 瓦计算，大约 18 米^2 的鸭舍装 1 盏 25 瓦的灯泡。安装灯泡时，灯与灯之间的距离相等，悬挂的高度要相同。大的灯泡挂得高，距离宽，小灯泡则相反。实际使用时，通常不用 60 瓦以上的灯泡，因为大灯泡光线分布不匀，且费电。日光灯受温度影响较大，一般也不使用。灯泡必须加罩，使光线照到鸭的身上，而不是照着天花板。鸭舍灰尘多，灯泡要经常擦拭，保持清洁，以免蒙上灰尘，影响亮度。一般需要 7～10 天才能产生光照效果，在产蛋期内，不能因为达不到立竿见影的效果而突然增加光照时数或提高光照强度。一般每次增加量不超过 1 小时，增加后要稳定 5～7 天。进入产蛋期的光照原则是：只宜逐渐延长，直至达到每昼夜光照 16～17 小时，不能缩短；不可忽照忽停，忽早忽晚;光照强度不宜过强或过弱,只许渐强,直到达到每平方米8勒光照强度,不许渐弱,不许忽强忽弱;否则将使产蛋的生理机能受到干扰,严重影响产蛋率。合理的光照制度,能使青年鸭适时开产,使产蛋鸭提高产量;不合理的光照制度,会使青年鸭的性成熟提前或推迟,使产蛋鸭减产停产,甚至造成换羽,给生产带来损失。合理的光照制度要与日粮的营养水平结合起来实施,进入产蛋期前后,如只改变日粮配方,提高营养水平和增加饲喂量,而不相应增加光照时数,生殖系统发育慢,易使鸭体积聚脂肪,影响产蛋率;反之,只增加光照,不改变日粮配方,不提高营养水平和增加喂量,会造成生殖系统与整个体躯发育不协调,也会影响产蛋率。所以,两者要结合进行,在改变日粮的同时或前1周,即可增加光照时间。

(二)温　度

为了充分发挥优良蛋鸭品种的高产性能,除营养、光照等因素外,还要创造适宜的环境温度。鸭是恒温动物,虽然对外界环境温度的变化有一定的适应能力,但超过一定的限度,就要影响产蛋量、蛋重、蛋壳厚度和饲料的利用率,也影响受精率和种蛋孵化率。鸭没有汗腺可以散热,当环境温度超过30℃时,体热散发慢,尤其在圈养而又缺乏深水活水运动场的情况下,由于高温影响,采食量减少,正常生理功能受到干扰,蛋重减轻,蛋白变稀,产蛋率下降,严重时会引起中暑;如环境温度过低,鸭体为了维持体温,势必白白消耗很多能量,使饲料利用率明显下降。成年鸭适宜的环境温度范围为5℃～27℃。产蛋鸭最适宜的温度为13℃～20℃,此时产蛋率和饲料利用率都处在最佳状态。因此,要尽可能创造条件,提供理想的产蛋环境温度,以获得最高的产蛋率。

三、分阶段合理饲养

蛋鸭整个产蛋周期可以分为初期、中期和后期3个阶段，根据各个阶段的不同特点，实行阶段饲养，采用相应的饲养管理方法，可以满足蛋鸭对营养物质和环境条件的需要，提高经济效益。

(一)产蛋初期(18～24周龄)

产蛋初期指从开始产蛋至产蛋率达到50%以上的时期。这段时期的饲养管理重点是尽量使鸭群的体重达到该品种应有的体重，确保适时开产，并尽快把产蛋率同一时间推向高峰。17周龄末时，抽样测定鸭群平均体重，若有超过标准的，要实行限饲，并推迟增加光照时间1～2周，待体重达标准后，逐渐按产蛋鸭的标准饲养。相反，若体重低于标准，那么原实行限制饲养的转为自由采食，如果原来实行自由采食的适当加强营养，提高蛋白质、代谢能等水平，并推迟增加光照时间1～2周，待体重达标准后，再按产蛋鸭标准饲养。按产蛋期的饲养标准，提供营养丰富全面的饲料，特别注意蛋白质和钙、磷的含量及比例。产蛋率在60%以下时，可采用粗蛋白质为15%～16%、代谢能为11.3兆焦/千克、钙和有效磷分别为2.9%和0.5%的营养水平。增加饲喂次数，白天3次，晚上1次，每只鸭日平均采食在150克左右。光照时间应逐渐增加，至22周龄人工光照加自然光照合计达到17小时，以后保持不变，增加光照的时间，要平均加在早上和晚上，开、关灯时间应固定，不能随意变动，也不能随意增加或减少光照，光照强度5～8勒，夜间用弱光照明。此阶段饲养管理是否恰当，可从产蛋率、蛋重和体重等方面判定。饲养管理正常时，产蛋率上升快，120～150日龄左右达50%，200日龄左右进入产蛋高峰期。多数蛋鸭品种初产蛋重40克左右，150日龄达到标准蛋重的90%以上，200日龄左右达到标准蛋重，体重符合本品种标准。

（二）产蛋中期（25～57周龄）

产蛋中期可细分为高峰期（25～43周龄）和中后期（44～57周龄），此阶段饲养管理的重点是在产蛋迅速进入高峰期后尽可能使产蛋高峰期持续时间长，应提供蛋鸭生产所需要的营养物质和稳定、安静、卫生、舒适的生活环境。这一时期连续产蛋，体力消耗大，对外界环境极为敏感，饲养管理稍有不慎，就会减产，且难以恢复。为使产蛋迅速达到高峰且长时间保持，从产蛋率达到60%起就要用营养水平更高的配合饲料，可采用粗蛋白质为17.5%、代谢能为11.5兆焦/千克、钙和磷分别为2.9%和0.5%的营养水平。产蛋中期还应淘汰低产鸭以减少饲料浪费，低产鸭往往体重大，触摸肛门小，耻骨间距离小。腹部过度下垂，发生卵黄性腹膜炎的鸭也应淘汰。不易确认的鸭可挑选出来放在一边单独饲养，观察几天再决定是否淘汰。

产蛋中期饲养管理是否得当，应看产蛋率能否达到高峰期的标准且能较长时间持续，同时结合观察蛋的质量。如能达到上述标准，且蛋壳质地均匀，蛋形符合品种要求，大小适中，产蛋时期整齐，说明饲养管理良好。否则，应查找原因，采取相应措施。特别是3～4月份的春鸭，产蛋高峰期正值农历8月下旬以后，气温逐渐降低，日照缩短，容易引起产蛋率下降，甚至换羽、长时间停产等情况，应做好鸭舍保温工作，防止鸭群受寒感冒，保证每天光照16小时，产蛋高峰期还应定时抽查测量体重，超过或低于标准体重5%以上的，应查找原因，及时调整日粮营养水平。

（三）产蛋后期（58～72周龄）

经过8～9个月连续产蛋，产蛋率开始下降，此期饲养管理的主要目标是尽量使鸭群产蛋率下降的幅度不要过大。若饲养管理得当，产蛋率仍可保持在75%～80%。应根据产蛋率和体重调整饲料质量和数量。产蛋率较高时，保持原饲料营养水平；较低时，适当降低蛋白质水平，控制体重增加，适当增加钙、磷含量。产蛋率降到60%以下时，已难于上升，无须加料，尽早淘汰。

产蛋期应严格遵守光照程序，停电时使用其他光源代替，光照忽长忽短或停电会造成窝外蛋、软壳蛋、畸形蛋增多，经常发生此类事会导致换羽，产蛋量急剧下降。喧哗、鞭炮声、奇光、鼠犬窜入鸭舍会引起鸭群骚乱，会导致软壳蛋、畸形蛋增多，产蛋量下降。因此，应保持鸭舍环境安静，尽量避免声、光、人、物对鸭的干扰。禁止使用霉变饲料，霉变饲料含有黄曲霉素，鸭对黄曲霉素非常敏感，饲喂霉变饲料后，鸭肝脏会严重变性、肿大、坏死、腹水增多，产蛋量明显下降，死亡率增加。免疫接种和投药是预防和治疗鸭病不可缺少的兽医处置方法，处置不当会使鸭群采食量大减，产蛋量下降，因此，免疫接种应安排在种鸭开产前。鸭群发生疾病时，应选用不影响鸭采食量、安全平缓的药物。早晨产蛋后应及时收蛋和消毒，以减少污染的机会，商品蛋也应及时送走、分级、包装、保管。做好产蛋记录，根据产蛋量的变化，分析查找原因，掌握生产状况。

四、加强蛋鸭产蛋期的季节管理

蛋鸭产蛋容易受到气候温度的影响，因此应根据不同季节的特点，采取相应的饲养管理技术。

(一)春　季

春季气候由冷转暖，日照时数逐日增加，气候条件对产蛋很有利，要充分利用这一有利因素，创造高产稳产的环境。首先要加足饲料，从饲料的数量和质量上满足需要，这个季节只要管理好，某些优秀个体产蛋率可达95%以上。早春偶有寒流侵袭，要注意保温，春夏之交，天气多变，会出现早热天气，或连续阴雨，要因时制宜区别对待，保持鸭舍内通风，干燥。搞好清洁工作，定期进行消毒，舍内垫草不要过厚，要定期清除，每次清除垫草后，鸭舍要进行消毒。如逢阴雨，要适当改变操作规程，缩短放牧时间，以免鸭受雨淋。

(二)梅雨季节

春末夏初，南方各省大都在5月末和6月份出现梅雨季节，常常阴雨连绵，温度高，湿度大，低洼地常有洪水发生，此时是蛋鸭饲养的难关，稍有不慎，就会出现停产、换羽。梅雨季节管理的重点是防霉、通风。措施有：

①敞开鸭舍门窗，充分通风，排除鸭舍内的污浊空气，高温高湿时，尤要防止氨气中毒。

②勤换垫草，保持舍内干燥。

③疏通排水沟，运动场不可积有污水。

④严防饲料发霉变质，每次进料不能太多，饲料要保存在干燥处，运输途中要防止雨淋，发霉变质的饲料绝不可喂。

⑤定期消毒。

⑥及时修复围栏，鸭滩、运动场出现凹坑，要及时垫平。

⑦鸭群进行一次驱虫。

(三)夏　季

每年6月底至8月，是一年中最热的时期，此时管理不好，不但产蛋率下降，而且还要死鸭。如精心饲养，产蛋率仍可保持80%以上，这个时期的管理要点是防暑降温。措施有：

①鸭舍屋顶刷白，周围种丝瓜、南瓜，让藤蔓爬上屋顶，隔热降温，运动场搭凉棚，或让南瓜、丝瓜爬上遮阴。

②鸭舍内敞开门窗，前后草帘全部卸下，加速空气流通，有条件的可装排风扇或吊扇，加强通风降温。

③早放鸭，迟关鸭，增加中午休息时间和下水次数。傍晚不要赶鸭入舍，夜间让鸭露天乘凉，但需在运动场中央或四周点灯照明。防止老鼠、野兽危害鸭群。

④饮水不能中断，保持清洁，最好饮凉井水。

⑤多喂水草等青饲料，提高饲料中的蛋白质含量，饲料要新鲜，现拌现吃，防止腐败变质。

⑥适当疏散鸭群，缩小饲养密度。

⑦防止雷阵雨袭击，雷雨前要赶鸭入舍。

⑧鸭舍及运动场要勤打扫，水盆、料盆吃一次洗一次，保持地面干燥。

(四)秋　季

每年9～10月份，正是冷暖空气交替的时候，气候多变，如果养的是上一年孵出的秋鸭，经过大半年的产蛋，身体疲劳，稍有不慎，就要停产换羽，故群众有“春怕四、秋怕八，拖过八，生到腊”的说法。所谓“秋怕八”，就是指农历八月是个难关，既有保持80%以上产蛋率的可能性，也有急剧下降的危险。此时的管理要点：

①补充人工光照，使每日光照时间不少于16小时，光照强度按每平方米5～8勒计算。

②克服气候变化的影响，使鸭舍的小气候保持相对稳定。

③适当增加营养，补充动物性蛋白质饲料。

④操作规程和饲养环境尽量保持稳定。

(五)冬　季

每年11月底至翌年2月上旬，是最冷的季节，也是日照时数最少的时期，产蛋条件最差，常常是产蛋率最低的季节。但当年春孵的新母鸭，只要管理得法，也可以保持80%以上的产蛋率；若管理失策，也会使产蛋率再降下来，使整个冬季都处在低水平上。冬季管理工作的重点是防寒保暖和保持稳定的光照时间，措施有：

①精挑细选，坚决淘汰老、弱、病、残和低产鸭，对鸭群进行整群，以减少死亡和饲料消耗。

②控制舍温，防寒保暖，关好门窗，防止贼风侵袭，北窗必须堵严。气温低时，最好屋顶下加一个夹层，或者在离地面2米处，横架竹竿，铺上草帘或塑料布。越冬蛋鸭防寒保暖至关重要，务使深夜棚内温度保持在5℃以上，才能确保高产蛋率。

③舍内垫厚干草，在鸭舍产蛋区内，垫30厘米厚干净、柔软稻草或麦秸等草料，捡蛋后，可将窝内旧草撒铺在鸭舍内；每天晚上鸭群入舍，再添加新草作产蛋窝，使垫草逐渐积累。几天出草1次，既保暖又可节省人力。

④配制合理日粮，蛋鸭越冬期既要御寒又要产蛋，能量消耗很大，必须适当增加饲料代谢能，达到11.715～11.724兆焦/千克的水平，适当降低蛋白质的含量，以17%～18%为宜；并供给充足的青绿饲料或定时补充维生素A、维生素D、维生素E。如果能在蛋鸭饲料中添加3%～5%的油脂，每天中午供给1次切碎的白菜等青绿饲料，效果会更好。冬季昼短夜长，且夜间气温较低，如能在夜间添喂1次温热饲料，不仅能增加蛋鸭营养，有利于鸭子御寒，更可提高产蛋率10%以上。夜间补料应当注意两点：一是必须供给温热饮水；二是夜食中以玉米等高能量饲料为主，不宜补喂过多蛋白质。另外，冬季必须做到热饲温饮，精饲料必须用温热水调制，饮水也必须喂给温热水，其温度以保持38℃左右最佳，切忌饮用冰雪水。

⑤适当增加光照，冬季自然光照少，鸭脑垂体内分泌腺活动减少而导致产蛋率大幅下降。这就要求必须进行人工补充光照。一般要求每天的光照时间不能少于16小时。可在鸭棚内按每30米^{2}安1盏60瓦灯泡的量进行补光。灯泡离鸭背2米高左右，并装上灯罩，每天补光时间要固定。有试验表明，补光比不补光可提高产蛋率20%。

⑥科学管理，提高效率，冬季可适当提高舍内单位面积的饲养密度，每平方米可养6～8只；早晨迟放鸭，傍晚早关鸭，减少下水次数，缩短下水时间，上、下午阳光充足的时候，各洗澡1次，时间10分钟左右；每日放鸭出舍前，要先开窗通气，再在舍内呆5～10分钟，促使多运动。

五、蛋鸭的防疫保健措施

(一)选择体格健壮、抗病力强的优良品种

应从种源可靠的无病种鸭场引进种蛋或雏鸭。引进青年鸭时，要了解疫情，必须在确认无传染病流行的健康鸭群中引种，并做好预防接种和驱虫工作，进行一段时间的观察后，确实无病的种鸭方可混群饲养。

(二)搞好饲养管理，增强抗病能力

①提供全价饲料，忌喂发霉变质饲料，根据鸭子不同阶段和不同产蛋率的需要，提供全价饲料，充分满足其营养物质的需求，特别是维生素和微量元素，绝不可忽视。

②创造适宜的环境条件，鸭舍的布局和结构要合理，鸭舍之间要保持一定的距离，以减少疫病传播的机会。鸭舍要通风良好，温度、湿度合适，饲养密度不能太大。不同品种和不同年龄的鸭群要分开饲养，实行“全进全出”制，以免疫病交叉感染。

③搞好环境卫生。清除鸭舍周围的垃圾和杂物，使鼠类无藏身和繁殖的场所，使各种昆虫无滋生和栖息之处，从而减少其对饲料的祸害及传播寄生虫或病原微生物等。因此，搞好环境卫生是防疫灭病的重要环节。鸭粪及清理出的污物应在离鸭舍较远的地方集中堆放、发酵，杀灭病原微生物及寄生虫卵，一般经25～30天才能作为肥料使用。

④搞好个人卫生。工作人员进场要换鞋、洗手，外来人员未经允许不得擅自进入鸭舍，鸭舍工作人员和用具要固定。

⑤防止把疫病带入场内，禁止把来历不明的家禽带入场内。本场的鸭子一经调出，不能返回鸭舍。

六、种用蛋鸭产蛋期的饲养管理

饲养种鸭和饲养蛋鸭的方法基本相似，都是为了获得尽可能多的蛋，不同的是养蛋鸭是为了得到商品蛋，供食用；而养种鸭则是为了得到高质量可供孵化的种蛋，因此饲养种鸭要求更高，不但要养好母鸭，还应养好公鸭。

(一)养好公鸭提高公鸭的配种能力，才能获得高受精率的种蛋

公鸭应体质健壮，性器官发育健全，性欲旺盛，精子活力才好。饲养公鸭比母鸭早 1～2 个月，这样在母鸭开产前即可达到性成熟。在育成期公、母鸭最好分开饲养，让公鸭多运动，多锻炼，生长整齐一致。对已经性成熟又未配种的公鸭应少下水，以减少公鸭之间互相嬉戏，形成恶癖。配种前 30 天左右公、母混合饲养，此时应多放水，诱使公鸭性欲旺盛。

(二)适宜的公母配比

蛋用型种公鸭配种能力强，公、母鸭比例为 1∶20。若受精率偏低，要及时查找原因，对于阴茎发育不全或精子畸形的公鸭要立即淘汰更换。

(三)加强营养

种鸭饲料蛋白质水平较蛋鸭料要高，尤其是蛋氨酸、赖氨酸和色氨酸等必需氨基酸应满足需要并保持平衡。为提高种蛋受精率和孵化率，还应增加青绿饲料和维生素的添加。

（四）加强种鸭的日常管理

为种鸭提供清洁、干燥、安静的环境，为得到干净的种蛋，垫料必须干燥清洁以避免污染；产蛋后及时收集种蛋，避免种蛋受潮、受晒或被粪便污染。公鸭在早、晚的交配次数最多，应早放鸭，迟关鸭，增加舍外活动时间，延长下水活动时间。

第四节　种鸭的饲养管理

种鸭饲养通常分为 3 个阶段：育雏期（0～4 周龄）、育成期（5～17 周龄）和产蛋期（18 周龄至产蛋结束）。

一、育雏期的饲养管理

（一）雏鸭的饲养方式

目前比较常用的饲养方式有地面圈养、网养，在生产实践中要根据当地的具体情况加以选择。集约化饲养多以舍饲地面圈养为主，在有池塘、水库的地方，前期采用地面圈养，后期圈养与放牧相结合。网养是一种新型的饲养方式，整个饲养过程都在网上进行。这种饲养方式具有成活率高、劳动效率高、经济效益高等优点。

（二）育雏前的准备

在雏鸭进育雏舍前，育雏舍和育雏用具要进行检修，做好消毒工作。安置好各种饲喂和饮水设备。育雏前 2 天调好舍内的温度，地面铺上干净的厚 5 厘米左右的垫料。

（三）育雏条件控制

1. 温度　控制温度是培育雏鸭最主要的技术措施之一。只有温度适宜，雏鸭调节体温消耗的能量较少，雏鸭的生长发育快，成活率高。

2. 湿度　舍内湿度过大或过小都会影响雏鸭的生长和健康，第一周舍内空气相对湿度保持为65%，第二周为60%左右，第三周为55%。

3. 密度　1周龄地面圈养20～30只/米^2、网上饲养30～50只/米^2，2周龄地面圈养10～15只/米^2、网上饲养15～25只/米^2，3周龄地面圈养7～10只/米^2、网上饲养10～15只/米^2。密度过大，不利于雏鸭的活动、采食和饮水，空气污浊，影响雏鸭的生长；密度过小，育雏舍的利用率低，饲养成本高。

4. 光照　光照可以促进雏鸭的采食和运动，雏鸭出壳后每天光照23小时，黑暗1小时。白天自然光照，早、晚只提供微弱的灯光，训练雏鸭适应黑暗。光照强度为5瓦/米^2，以后逐渐减弱，灯泡离地面的距离为2～2.5米。

5. 通风　育雏舍要定时换气，据测定每千克体重鸭1小时呼出二氧化碳1.5～2.3升，不适当通风会造成缺氧，尤其在舍温较高、湿度较大的情况下，粪便分解快，产生大量的氨和硫化氢等有害气体，刺激雏鸭的眼、鼻和呼吸道，严重时会造成中毒。

(四)饲养管理技术

1. 分群　雏鸭群过大易出现惊群或挤压死亡。为了提高育雏率，必须进行分群管理，每群以300～500只为宜。

2. 饮水　雏鸭入舍后应尽快让其饮水，24小时供给清洁的饮用水，饮水中加入适量的维生素C、葡萄糖、矿物质预混剂、抗生素，既增加营养又提高雏鸭的抗病力。

3. 开食　雏鸭出壳12～24小时或鸭群中有1/3的雏鸭开始寻食时进行第一次投料，用全价颗粒饲料或半生米饭加蛋黄饲喂，几天后改用营养丰富的全价饲料饲喂。

4. 饲喂方法　1周龄的雏鸭应让其自由采食，饲料盘中保持常有饲料,少喂勤添,防止饲料污染引起雏鸭患病或浪费饲料。1周龄每只鸭饲喂30克,2周龄90克,3周龄105克,8周龄限饲,控制体重,18周以后根据品种要求饲喂蛋鸭产蛋期饲料,日喂料量在140～160克。

5. 免疫 种鸭群体大且集中,须加强日常饲养管理,特别要做好免疫工作。20日龄左右,注射鸭瘟弱毒疫苗,30日龄注射禽霍乱菌苗。

6. 育雏种鸭的选择 种鸭育雏期的选择包括雏鸭和育雏期末的选择。初生雏鸭质量的好坏直接影响到生长发育及群体的整齐度。雏鸭的选留标准为:大小均匀,体重符合品种要求,绒毛整齐,富有光泽,腹部大小适中,脐部收缩良好,眼大有神,行动灵活,抓在手中挣扎有力。种鸭场(公司)在提供配套种鸭时,往往超量提供公鸭,以便在育雏结束时,即在28日龄根据种鸭的体重、外形特征等进行初选。公鸭应选择体重大、体质健壮的个体,母鸭应选择体重中等大小、生长发育良好的个体,初选公母比例为1∶8～10。

二、育成期的饲养管理

(一)转 群

育成期一般采用半舍饲的管理方式,鸭舍外设运动场,面积比鸭舍大1/3。育雏期网上平养转为地面垫料平养,转群前1周应准备好育成鸭舍,并在转群前备好饲料及饮水。由于其采食速度、喂料量及目标体重均有所不同,公、母鸭要分开饲养。在公鸭群中应配备少量的母鸭,促进公鸭生殖系统的发育。

(二)饲养方式

种鸭育成期要实行限饲,使体重合乎要求,性成熟时间适中,增加产蛋总量,降低产蛋期死亡率,提高受精率和孵化率,发挥其最佳生产性能。种鸭限饲方法很多,常用的是限制日喂量,根据体重生长曲线确定每天的饲料量。此外,还有隔日限饲,即 2 天的料量 1 天一次性投喂。限饲期间要在喂料的当天早上 4 时开灯,称好每群的料量,然后定时投料。

(三)饲喂量与饲喂方法

第四周末,随机抽样 10%,空腹称重,计算平均体重,与标准体重或推荐的体重相比,来确定下周的喂料量。另外,把每周的称重结果绘成曲线与标准曲线相比,通过调整饲喂量,使实际曲线接近标准生长曲线,一般每周加料量在 2～4 克为宜,每周保持稳定的体重增长幅度。若低于标准体重,则以每日 10 克/只或 5 克/只的标准增加,若还达不到标准体重,则再增加;若高于标准体重,则每日每只减少 5 克,直到短时间内达到标准体重。喂料量和每天鸭群只数一定要准确,将称量准确的饲料早上一次性快速投入料槽。加好料后再放鸭,尽可能使鸭群同时吃到料,防止有的鸭吃得过多而体重增长太快,有的鸭吃得过少体重增长太慢,达不到预期的标准;饲料要营养全面,一般不供给颗粒谷物,所喂的料在 4～6 小时吃完为好,限饲要与光照控制相结合;鸭有戏水并清洗残留食物和洁身的习性,因此要在运动场内设置 0.5 米深的洗浴池;鸭的敏感性较强,如通风不良、称重、免疫接种及转群等不良影响易造成应激,特别是在免疫接种时,应在饮水或饲料中添加维生素、电解质和多种维生素等抗应激剂。

(四)光　照

育成期光照原则是光照时间宜短不宜长,光照强度宜弱不宜强,以防过早性成熟,实际生产中应多采用自然光照。

(五)密　度

地面平养时,每只鸭子至少应有 0.45 米^2 的活动空间,鸭舍分隔成栏，每栏以 200～250 只为宜，群体过大，会使鸭个体体重差异大，不利于饲养管理。

三、产蛋期的饲养管理

(一)饲喂技术

种鸭按建议喂料量进行饲喂最好，用全价配合饲料或湿拌料。鸭有夜食的习惯，所以晚间给料相当重要，一般喂给湿拌料。喂料次数为每天 4 次，时间间隔相等，要求喂饱；或少喂勤添，保证槽内有料，且不要有过多剩料，其优点是每只鸭吃料的机会均等，不会出现踩踏或暴食的现象。投喂颗粒料时，可使用喂料机，既省力又省时。此外，每天应保证充足的饮水供给和刷洗水槽，水应没过鸭的鼻孔，以便清洗鼻孔。

(二)产蛋箱的准备

育成鸭转入产蛋舍前，在产蛋舍内要放置足够的产蛋箱，如果不换鸭舍则在育成鸭 22 周龄时放入产蛋箱。每 4 只鸭供给 1 个产蛋箱，可以将几个产蛋箱连在一起，箱底铺上松软的草或垫料。当草或垫料被污染时要随时换掉，保证种蛋的清洁，提高孵化率。产蛋箱的位置不要随意变动。

(三)环境条件

鸭虽然耐寒，但冬季温度低时，要采取防寒保暖措施；夏季温度高则放水洗浴、淋浴或增加通风降温。每天光照 17 小时，光照强度为 7 瓦/米^2，灯高 2 米，并加灯罩，灯分布要均匀，开灯时间要固定，不可随意更改，否则会影响产蛋率。为防止突然停电最好自备发电设备。加强通风换气，保持垫料干燥。密度以每平方米2～3 只为宜。

（四）运　动

每天驱赶运动 6～8 次，共 40～50 分钟，切忌驱赶速度过快。运动场日光充足时放鸭出舍，傍晚太阳落山前赶鸭入舍；雨雪天气则不放鸭出舍；夏季天气热，每天 5～6 时早饲后，将鸭赶到运动场上，运动场要搭设凉棚，供鸭白天栖息、活动时遮阴。鸭运动充足能保持良好的食欲和消化能力，产蛋率自然也较高。

（五）种蛋的收集

母鸭的产蛋时间集中在下半夜 1～5 时，随着产蛋鸭日龄的增长，产蛋的时间会往后推迟。饲养管理正常，母鸭应在上午 7 时产蛋结束，产蛋后期则可能会集中在上午 6～8 时，舍饲的鸭采取清晨放出舍外的方法，有利于鸭在上午 8 时前产蛋。尽量及时捡蛋，夏季高温要防止种蛋孵化，冬季气温低要防止种蛋受冻。初产鸭要训练使用产蛋箱，减少窝外蛋，污染的蛋不能作种用。有少数鸭产蛋迟，产蛋后又在产蛋箱中过夜，这样易使蛋被污染或孵化，影响种蛋的正常孵化，因此，饲养员可在下班前再捡 1 次蛋。种蛋应及时消毒入库，不合格的应剔出。

四、种公鸭的管理

种鸭群中的公母比例合理与否，关系到种蛋的受精率。一般种鸭公母比例为 1∶20～25，公鸭过少时影响受精率，应以备用公鸭补充；公鸭过多会引起争配而使受精率降低。及时淘汰配种能力不强或有伤残的公鸭，定期检查种公鸭的精液品质，不合格要淘汰。种公鸭要有足够运动量，保持健康体况，提高繁殖能力。

五、种鸭的强制换羽

当气温28℃以上或饲养条件差时，母鸭就会自然换羽，在换羽期间，绝大多数母鸭停产，少数母鸭虽能继续产蛋，但产蛋量低，蛋品质不良。自然换羽的时间为4～5个月，为了缩短换羽时间，使母鸭提早产蛋，提高产蛋量，降低成本，最好实行人工强制换羽。人工强制换羽一般只需45天左右，换羽后的鸭产蛋多、品质好，能很快达到产蛋高峰。

六、人工授精技术

开展蛋鸭人工授精，可减少种公鸭饲养，节约生产成本；充分利用优秀种公鸭，防止在交配时传播疾病；制定鸭的交配体系，对每个种蛋进行标号，便于进行系谱记录；解决了笼养鸭的繁殖问题；减少鸭群的死淘率，提高受精率；解决公、母鸭个体相差悬殊不能进行自然交配的问题；扩大基因库，不受时间、地域和国界的限制。

番鸭人工授精技术已普遍应用，其采精方式主要通过母鸭诱情法。然而，蛋鸭与番鸭的生物习性不同，通过母鸭诱情法无法顺利采集到精液，存在技术难点。下面笔者根据实践将蛋鸭人工授精的操作要点归纳如下：

（一）采　精

1. 种公鸭调教日龄　不同类型蛋鸭其公鸭的性成熟日龄有所差异，达到性成熟后的种公鸭都可以开始着手调教。小型蛋鸭公鸭性成熟时间为105～120天。

2. 采精前准备　剪去公鸭泄殖腔附近的羽毛，并擦拭干净。

采精器件的准备:集精管置于 38℃的恒温箱中备用,并准备采精时清洁公鸭污染物的棉球或湿巾。配制精液稀释液:配制所需量的稀释液,置于水浴锅中预热至 35℃。精液质检:定期进行鸭精液品质的检验,采用显微镜镜检或使用精液品质测定仪器进行精液品质的检测。

3. 采精方法　人工授精的公、母鸭在产蛋前应分开饲养,如已经产蛋的鸭群应在试验前 15～20 天将公、母鸭分开,公鸭选用个体粗壮、性欲强的进行单独饲养,隔离 1 周即开始采精训练,每周 2～3 次,采精前将公鸭泄殖腔周围的羽毛剪干净,采精时按摩公鸭背部,并延伸至尾部,待阴茎膨胀时,挤压阴茎,使其射精;同时,采精者将集精杯靠近公鸭的泄殖腔,精液射到集精杯内。

4. 采精频率　蛋鸭的体内精液的保存时间较长,通常蛋鸭受精后,在一周内仍能保持蛋的受精,但受精率较低,一般采用 3 天采集一次精液。

(二)精液品质检查

精液为乳白色,略带腥味,精液量为 0.2～0.6 毫升,密度达 8 亿～12 亿个/毫升,平均 8.5 亿个/毫升,精子活力 7～9.8 级,pH 值 6.9～7.4,输精前检查精子活力,250～500 倍显微镜下 80%以上精子做直线前进运动的才可作输精用。

(三)精液稀释

稀释液可采用专用稀释液配方配制,能进行一定时间的保存与运输,但蛋鸭的人工授精一般在场内直接进行,精液不需要传出场外。因此,多采用生理盐水进行简易稀释后,输精。稀释时,根据检测的精液质量进行一定倍数的稀释,稀释用的生理盐水需要预先进行预热至 37℃左右。

精液采集后应尽快稀释,原精贮存不超过 20 分钟。稀释液与精液要求等温稀释,两者温差不超过 1℃,即稀释液应加热至 37℃

左右，具体以精液温度为标准，来调节稀释液的温度，不能反向操作。稀释时，将稀释液沿集精杯（瓶）壁缓慢加入到精液中，然后轻轻摇动或用消毒后的玻璃棒搅拌，使之混合均匀。如做高倍稀释时，应先做低倍稀释 1∶1～2，待 0.5 分钟后再将余下的稀释液沿杯（瓶）壁缓慢加入。

（四）母鸭的输精技术

将母鸭按在地上，输精者用一只脚轻轻踩住母鸭的颈部或把母鸭夹在两腿之间，母鸭的尾部对着输精者，用左、右手的三指轻轻挤压泄殖腔的下缘，用食指轻轻拨开泄殖腔口，使泄殖腔张开。这时，即能见到两个小孔，右边一个小孔为排粪尿的直肠口，左边一个小孔就是阴道口，腾出右手将输精器导管末端对准阴道插入输精。

（五）输精制度

一般首次输精连续输 2 天，以后每周输 2 次，输精后第三天开始收集种蛋。

第六章　蛋鸭人工孵化

第一节　孵化场的建筑要求

一、孵化场选址

孵化场要建在地势较高、交通方便、水电资源充足的地方，周围环境要清静优雅、空气新鲜(场区周围最好是绿树成阴)。孵化场应是一个独立的场所，远离主要交通干线500米以上，远离市中心、居民区等人口密集的区域，更要远离震动较大、粉尘严重的工矿区和养禽场、屠宰厂、电镀厂、农药厂和化工厂等污染严重的企业，以防震伤胚胎或使胚胎中毒、感染疾病。

二、孵化场的规划

孵化场的规模应根据当前本地区养鸭发展情况而定。应充分调查本地区养鸭场的数量和鸭的品种、存栏量，计算出每月需要生产的雏鸭量和所需的种蛋数、批次、每批入孵的种蛋数，进而确定孵化箱的台数和孵化室的面积。根据每批出雏的最高数量，来确定出雏室和雏鸭存放室、贮蛋室、收蛋室、洗涤室、雏盒室等需要的面积，作为建场的依据。

孵化场的布局必须严格按照"种蛋→种蛋消毒→种蛋保存→种蛋处置(分级码盘等)→孵化→移盘→出雏→雏鸭处置(分级鉴别、预防接种等)→雏鸭存放"的生产流程进行规划。

由“种蛋”到“出雏”，较小的孵化场可采用长条流程布局；但大型孵化场，则应以孵化室、出雏室为中心，根据生产流程确定孵化场的布局，安排其他各室的位置和面积，以减少运输距离和工作人员在各室之间不必要的往来，提高房室的利用率，有效改善孵化效果。

三、孵化场的建设要求

屋顶要铺防水材料以防漏雨，最好下面再铺一层隔热保温材料，夏季能有效防止室内高热；冬季便于保温，天花板不产生冷凝水滴。孵化场的天花板、墙壁、地面最好用防火、防潮、既便于冲洗又便于消毒的材料来建造。地面和天花板的距离以3.4～3.8米为宜。地面要平整光洁，便于清洁卫生和消毒管理。在适当的地方设下水道，以便冲洗室内。

孵化室和出雏室最好是无柱结构，这样能使孵化机固定在合适的位置上，便于工作，也便于通风。

孵化室应坐北朝南。门高2.4米、宽1.2～1.5米，以便于搬运种蛋和雏鸭时出入。门以密封性好的推拉门为宜。窗为长方形，要能随意开关。南面(向阳面)窗的面积可适当大些，以利采光和保温。窗的上面下面都要留活扇，以根据情况调节室内通风量，保持室内空气的纯洁度。窗与地面的距离为1.4～1.5米。北墙上部应留小窗，距地面1.7～1.9米。孵化室和出雏室之间应建移盘室，这样一方面便于移盘，另一方面能在孵化室和出雏室间起到缓冲作用，便于孵化室的操作管理和卫生防疫。有的孵化室和出雏室仅一门之隔，且门又不密封，出雏室污浊的气体很容易污染孵化室。尤其是出雏时，将出雏车或出雏盘放在孵化室，更容易对孵化室造成严重污染。

安装孵化机时，孵化机间距应在80厘米以上，孵化机与墙壁之间的距离应不小于1.1米(以不妨碍码盘和照蛋为原则),孵化器顶部距离天花板的高度应为1～1.5米。

四、孵化场的通风系统

通风换气系统的设计和安装不仅要考虑为室内提供新鲜空气和排出二氧化碳、硫化氢及其他有害气体,同时还要把温度和湿度协调好,不能顾此失彼。因各室的情况不同,最好各室单独通风,将废气排出室外。至少孵化室与出雏室应各设一套单独通风系统,温湿度及通风的相关技术参数见表6-1、表6-2。为减少空气污染,出雏室的废气排出之前,应先通过带有消毒剂的水箱后再排出室外。否则,带菌的绒毛污染空气散布孵化车间和其他各处,造成大面积的严重污染。据试验,通过有消毒液的水箱过滤后,可消灭气体中99%的病原微生物,大幅度提高空气的纯洁度,进而提高孵化率和雏禽品质。

孵化场的洗涤室内以负压通风为宜,其余各室均以正压通风为宜。

表6-1 孵化场各室每千个蛋空气流量

室外温度		种蛋处置室	孵化室	出雏室	雏鸭存放室
(°F)	(℃)	(米^3/分)	(米^3/分)	(米^3/分)	(米^3/分)
10	−12.2	0.06	0.20	0.43	0.86
40	4.4	0.06	0.23	0.48	1.14
70	21.2	0.06	0.28	0.51	1.42
100	37.8	0.06	0.34	0.71	1.70

表 6-2　孵化场各室的温、湿度及通风技术参数

室　别	温度(℃)	空气相对湿度(%)	通　风
孵化室、出雏室	24～26	70～75	最好用机械通风
雏鸭处置室	22～25	60	有机械通风设备
种蛋处置兼预热	10～24	50～65	人感到舒适
种蛋贮存室	10～18	75～80	无特殊要求
种蛋消毒室	24～26	75～80	有强力排风扇
雌雄鉴别室	22～26	55～60	人感到舒适

五、孵化场的生产流程

鸭的孵化比鸡的相对要繁琐一些，一些科学的方法与技术对鸭场的孵化大有益处。根据多年的实践经验，在此介绍一下鸭的孵化生产流程。

(一)种蛋的收集

首先要有良好的种蛋，才能孵化出健康的雏鸭。对鸭舍送来的种蛋进行挑选，把挑好的种蛋小头朝下放入盘中，把不合格的剔除。合格种蛋蛋重 55～75 克，颜色符合本品种颜色的特征，蛋表面清洁、无裂痕、无暗纹、无破损，不能过大、过长和过圆，蛋形指数在 1.35～1.45。过大、过小的种蛋、砂皮蛋、薄壳蛋、钢皮蛋、软壳蛋等都不能上孵，稍微有暗纹的种蛋经修补后可以上孵。

(二)种蛋的消毒和保存

挑出合格种蛋后，把种蛋进行消毒入库。现在的孵化场一般应用高锰酸钾和甲醛混合后产生气体迅速杀灭各种病菌来进行消

毒。这种方法简便易行，效果也很好，一般每立方米用40%甲醛溶液（即福尔马林）28毫升、高锰酸钾14克，密闭熏蒸20～30分钟。也有的用新洁尔灭溶液喷在蛋面上。消毒液的配制：取浓度为5%的原液1份，加50倍水混合均匀即可。还有的用氯消毒法，将种蛋浸入含有活性氯的溶液中，待3～4分钟取出晾干即可。还有的用过氧乙酸消毒。但最常用的还是甲醛与高锰酸钾混合消毒法。

消毒后入库保存。实践证明保存了3～4天的种蛋比新产的蛋能获得较高的孵化率，但保存7天以上，孵化率就明显下降。保存3～4天的种蛋温度保持在18℃左右即可，温度不要很低，条件差的场保持在20℃也行，空气相对湿度在70%～80%之间。保存时间长时，温度可适当降低。切记从蛋库向外拉蛋时一定要先拉入预热间，预热间的温度要比蛋库的温度高7℃～9℃，这样可防止种蛋出汗，提高孵化率。

第二节　种蛋的管理

一、种蛋收集

初产母鸭大多集中在后半夜1～5时大量产蛋，随着产蛋日龄的延长，产蛋时间渐渐往后推迟，产蛋后期的母鸭多数也在上午10时以前产完蛋。因此，蛋产出后应及时收集，这样可减少种蛋的破损，也可减少种蛋受污染的程度。日常生产中，通过增加捡蛋的次数来及时收集种蛋以保证种蛋质量，这是产蛋期种鸭饲养日程的重要工作环节。如果不及时收集，种蛋很容易被污染和损伤。另外，当气温低于0℃时，时间过长种蛋易受冻；气温炎热时，种蛋易受热。环境温度过高、过低都会影响胚胎的正常生长发育。

种蛋的选择步骤:

(一)感 官 法

对种蛋的外观指标如蛋形、大小、蛋壳、清洁度可采用肉眼检查,淘汰不符合入孵标准的种蛋。对于检查裂纹蛋,通常用两手各拿几枚种蛋,轻轻转动手指,使蛋在手转动时相互碰击,发生破裂音,从而选出裂纹蛋。

(二)照 蛋 法

对种蛋的蛋壳结构、气室大小、位置、血斑、肉斑等情况,采用照蛋器检查。

二、种蛋选择标准

(一)来源有保障

首先应注意种鸭的质量,选择那些遗传性能稳定,生产性能优良,繁殖力较高,生长状况良好的健康鸭群。

(二)贮存期短

种蛋的新鲜度有助于孵化率与健雏率的提高。种蛋贮存期以不超过 7 天为最佳,逾期孵化率相应降低。

(三)蛋的大小与形状

实践证明,蛋重与初生雏鸭重呈正相关,蛋重一般为 55～75 克为宜。正常鸭蛋蛋形为卵圆形,过长、过圆、两头尖等均不宜作种蛋使用,蛋形指数(蛋的纵径/横径)应为 1.35～1.45。

(四)壳质良好

鸭蛋壳组织结构应致密均匀,厚薄适度。据测定,鸭蛋壳的厚度应在 0.035～0.04 厘米。砂皮蛋、皱皮蛋、钢皮蛋、软壳蛋、薄壳蛋、裂纹蛋等次劣蛋均不适宜作种蛋使用，破壳蛋更不宜入孵。

（五）蛋壳清洁

种鸭蛋最易沾污粪便、饲料、泥土、垫草、蛋液等物，极易堵塞蛋壳气孔，而使致病菌侵入，引起种蛋腐败导致死胎，降低了孵化率，而腐败的蛋炸裂后又污染了整箱种蛋。

三、种蛋的贮存

（一）温　度

种蛋产下后，应及时送入蛋库，贮蛋库的温度最好为 12℃～18℃，保存时间为 1 周，以 3～5 天最好，超过 1 周以 11℃为宜，最长不超过 2 周。如果温度接近或超过 23.9℃或低于 0℃，孵化率均要下降。

（二）湿　度

贮蛋库的空气相对湿度以 70%～80%为宜，湿度过小蛋内水分易蒸发，湿度过大易发霉。

（三）摆　放

将种蛋的小头朝下，大头朝上摆放在蛋托上，放入蛋库。如存放时间较长，应定时翻蛋，以保证蛋黄位于蛋中心，避免胚胎与壳膜粘连。

四、种蛋的消毒

（一）熏蒸消毒

多采用甲醛、高锰酸钾混合熏蒸法。按空间每立方米用 28 毫升40%甲醛溶液加14克高锰酸钾，在瓷器皿内盛放，温度20℃～24℃，空气相对湿度为75%，熏蒸20分钟。甲醛与高锰酸钾反应剧烈，又具有强腐蚀性，所以应选择陶瓷或玻璃器皿。先加入少量温水，再加入高锰酸钾，最后加入甲醛，顺序不可颠倒。

（二）喷雾消毒

摆好盘的种蛋也可用适宜浓度的消毒剂对蛋壳进行喷雾消毒。

（三）新洁尔灭药液消毒

用5%新洁尔灭原液，加50倍清洁温水（40℃～43℃），配成1/1 000的消毒液把种蛋放进去或把摆好盘的种蛋带盘一起浸泡3～5分钟，沥干后即可装入机器孵化。

第三节　蛋鸭胚胎发育

一、蛋形成过程中胚胎的发育

卵黄自卵巢上排出后，被输卵管的漏斗部接纳，与精子相遇受精，成为受精卵，并在蛋形成过程中开始发育。当受精卵到达峡部时发生卵裂，进入子宫部4～5小时后已达256个细胞期，到蛋产出时，胚胎发育已进入到囊胚期或原肠早期。蛋产出后，由于外界气温低于胚胎发育所需要的温度，胚胎发育处于停滞状态，随着时间的延长，胚胎逐渐死亡，降低孵化率。

二、孵化期中胚胎的发育

当给予种蛋适当的孵化条件，胚胎从休眠状态中苏醒过来，继

续发育形成雏禽。现将鸭胚不同日龄的发育情况(图 6-1),简述如下:

第一天:胚胎以渗透方式进行原始代谢,原线、脊索突和血管区等器官原基出现。胚盘暗区显著扩大。照蛋时,胚盘呈微明亮的圆点状,俗称“白光珠”。24 小时母鸭卵子在输卵管的漏斗部与精子融合,受精卵在母体内滞留期间不断分裂,到种蛋产出体外时已经分裂成一团细胞,此时为胚胎发育的囊胚期,从正面看囊胚像覆盖在卵黄表面的圆盘,中央为明区,边缘为暗区,通常成为胚盘。经过 24 小时的孵育,与孵化前相比,胚盘变大,明区和暗区同时增大,在卵黄上可见到椭圆形的盾状区为胚盾。

第二天:胚盘增大。脊索突扩展,形成 5 个脑泡,脑部和脊索开始形成神经管。眼泡向外突出。心脏形成并开始搏动,卵黄血液循环开始。照蛋时可见圆点较前一天为大,俗称“鱼眼珠”。

第三天:血管区为圆形,头部明显地向左侧方向弯曲与身体垂直,羊膜发展到卵黄动脉的位置。有 3 对鳃裂出现,尾芽形成。暗区扩大,覆盖蛋黄的上表面约 1/2,卵黄囊循环的血管网初步形成,血管围成椭圆形。胚盘中心有一弯曲的透明体——胚胎,胚胎直径为 5.0～6.0 毫米,血管区横径为 20～22 毫米。胚胎前半部向右翻转弯曲。胚盘已扩展一倍并被红色的血管包围,透明体中可见一搏动着的小红点,即原始心脏。

第四天:前脑泡向侧面突出,开始形成大脑半球。胚体进一步弯曲,喙、四肢、内脏和尿囊原基出现。照蛋时,可见胚胎与卵黄囊血管分叉似蚊子,俗称“蚊虫珠”。卵黄囊血管网初步形成,在第四天中血管区的范围也迅速扩大,卵黄囊血管网覆盖上表面约 1/3,胚胎增大弯曲,头、尾、心脏、背主动脉等可以明显区分,心脏跳动明显,头部弯向心脏位置,眼睛的轮廓已经出现,前、后肢发生部位已经略微隆起。

第五天:胚胎头部明显增大,并与卵黄分离,前脑开始分成两个半球，第五对三叉神经发达。口开始形成，额突生长，眼有明显的色素沉着。脾脏和生殖细胞奠基。尿囊迅速增大形成一个有柄的囊状，其直径可达5.5～6毫米。照蛋时卵黄囊血管形似一只小蜘蛛，又称“小蜘蛛”。卵黄囊血管网的范围进一步扩大，血管变粗，卵黄囊血管网覆盖蛋黄上表面约2/3，胚胎更加弯曲，心脏大而明显，前后肢芽明显突出，耳孔的轮廓已经形成，脑泡已经可以明显区分三室，羊膜包围胚胎，肉眼可见少量羊水。

第六天：胚胎极度弯曲，中脑迅速发育，出现脑沟、视叶。眼皮原基形成，口腔部分形成，额突增大，四肢开始发育，性腺原基出现，各器官已初具特征，尿囊迅速生长，覆盖于胚体后部，尿囊血液循环开始，照蛋时，可见到黑色的眼点，俗称“起珠”。眼睛部位黑色素明显沉积，尿囊及尿囊血管网发育迅速，肉眼可见，位于卵黄囊上方。前后肢芽增长明显。

第七天：胚胎鳃裂愈合，喙原基增大，肢芽分成各部。胚胎开始活动，尿囊体积增大，直径达到12～17毫米，并且完全覆盖胚胎。照蛋时可见到头部和弯曲增大的躯干部分，俗称“双珠”。卵黄囊血管网覆盖蛋黄上表面，尿囊增大明显，完整覆盖在胚胎上，羊水和尿囊液进一步增多。喙向前突出，前后肢芽具备前肢和后肢雏形及关节。

第八天：喙原基已成一定形状，翅和脚明显分成几部，趾原基出现。雌、雄性腺已可区分，尿囊体积急剧增大，直径达到22～25毫米。照蛋时可见半个蛋面布满血管。尿囊及尿囊血管网增大明显，覆盖蛋黄上表面约1/2，羊水和尿囊液增多，胚胎浮于羊水中。

第九天：舌原基形成，肝具有叶状特征，肺已有发育良好的支气管系统，后肢出现蹼。尿囊继续增大，胚胎重0.69～1.28克。照蛋时，正面易看到在羊水中浮游的胚胎。尿囊覆盖蛋黄上表面约 2/3，尿囊液明显增多，胚胎浮于羊水中，前、后肢已经具备正常的体型特征，照蛋显示暗区所占比例超过蛋的一半。

第十天：除头、额、翼部外，全部覆盖绒羽原基，腹腔愈合。尿囊迅速向小头伸展。尿囊沿内壳膜迅速向下端发展，包围了卵黄囊。

第十一天：眼裂呈椭圆形，眼睑变小。绒羽原基扩展到头部、颈及翅部，脚趾出现爪。胚胎皮肤透明度下降，皮肤表面出现排列整齐的小点，即羽毛原基。

第十二天：喙具有鸭喙的形状，开始角质化，眼睑已达瞳孔。胚胎背部开始覆盖绒羽。胚胎仍自由地浮于羊水中，尿囊开始在小头合拢。照蛋时，可见到尿囊血管合拢，但还未完全接合。羽毛原基遍布全身，尾部最先长出短小羽毛，背部随后长出。

第十三天：胚胎头部转向气室外，胚体长轴由垂直蛋的横轴变成倾斜。尿囊在小头完全合拢，包围胚胎全部。眼裂缩小，爪角质化。照蛋时除气室外整个蛋表面都有血管分布，俗称“合拢”。

第十四天：眼裂更为缩小，下眼睑把瞳孔的下半部遮住。肢的鳞原基继续发育，体腹侧绒羽开始发育，全身除颈部外皆覆盖绒羽。胚胎重 3.5～4.5 克。

第十五天：胚胎完成 90°的转动，身体长轴和蛋的长轴一致。眼睑继续生长发育，眼裂缩小，下眼睑向上举达于瞳孔中部，绒羽已覆盖胚胎全部，并继续增长。尿囊血管加粗，颜色加深。

第十六天：胚胎头部弯曲达于两脚之间，脚的鳞片明显。蛋白在尖端由一管道输入羊膜囊中。尿囊血管继续加粗，血管颜色加深。胚胎重 6.6～12 克。

第十七天：头部向下弯曲，位于两足之间，两足也急剧弯曲，眼裂继续减少。开始大量吞食蛋白，蛋白迅速减少，胚胎生长迅速，骨化作用加强。

第十八天：胚胎头部移于右翼之下，足部的鳞片继续发育。蛋白水分大量蒸发，气室逐渐加大。可见大头黑影继续扩大，小头透亮区继续缩小。

第十九天：眼睛全部合上，未利用完的蛋白继续减少，变得浓稠。大头黑影进一步扩大。

第二十天：蛋白基本利用完，开始利用卵黄营养物质，小头透亮区差不多消失。

第二十一天：蛋白利用完。羊膜和尿囊膜中液体减少，尿囊与蛋壳易于剥离。背面全部黑影覆盖，看不到亮区，俗称"关门"。

第二十二天：胚胎转身，气室明显增大，喙开始转向气室端。少量卵黄进入腹腔。照蛋时可见气室向一方倾斜，俗称"斜口"。

第二十三天：喙朝向气室端，卵黄利用明显增加。胚胎重28.4～32.6克。气室倾斜增大。

第二十四天：卵黄囊开始吸入腹腔，内容物收缩，可见气室附近黑影"闪动"。

第二十五天：胚胎大转身，喙、颈和翅部穿破内壳膜突入气室，卵黄囊大部分被吸入腹腔，胚胎体积明显增大。胚胎重约35.9克。可见气室内黑影明显闪动，俗称"大闪毛"。

第二十六天：卵黄囊全部吸入腹腔。开始啄壳，并转为肺呼吸，易听到叫声，俗称"见嘴"。

第二十七天：大批啄壳，发育快的雏鸭破壳而出。

第二十八天：出壳高峰时间。出壳体重一般为蛋重的65%。胚胎腹中存有少量卵黄。

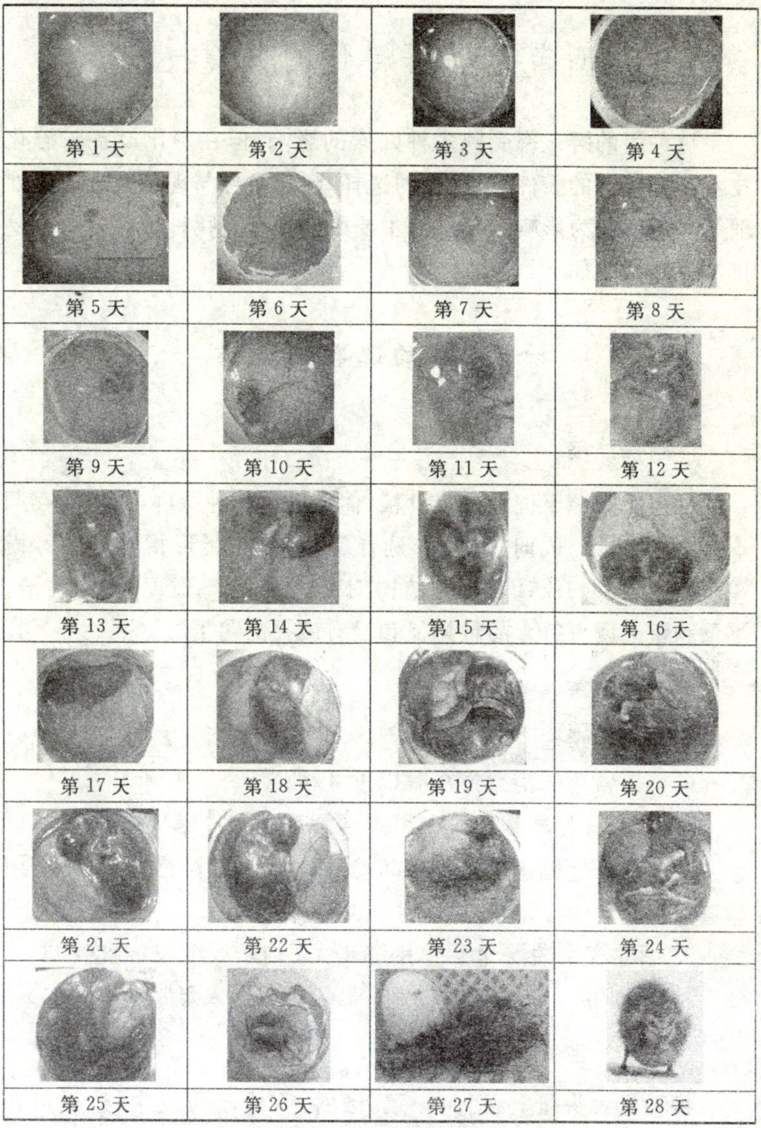
第 1 天
第 2 天
第 3 天
第 4 天
第 5 天
第 6 天
第 7 天
第 8 天
第 9 天
第 10 天
第 11 天
第 12 天
第 13 天
第 14 天
第 15 天
第 16 天
第 17 天
第 18 天
第 19 天
第 20 天
第 21 天
第 22 天
第 23 天
第 24 天
第 25 天
第 26 天
第 27 天
第 28 天

图 6-1 鸭发育图谱

第四节 种蛋孵化的关键技术

鸭种蛋的孵化率受到多种因素的影响，但在孵化设备与孵化技术日趋完善的条件下，种蛋的选择、孵化条件与现场常规应急处理等环节就成为影响孵化率的主要因素。现将鸭种蛋孵化的主要技术要点介绍如下。

一、种蛋的选择与消毒

（一）选 择

种蛋应来源于饲喂全价日粮、体质健康的种鸭群，并且贮存期不宜超过 7 天。同时，还要求选择受精率高、蛋形指数（纵径/横径）正常（1.35～1.45）、蛋壳结构细密均匀、厚薄适度、表面清洁、蛋重和蛋壳颜色符合品种特征和没有破损的鸭蛋。

（二）消 毒

种蛋的消毒通常分 2 次进行，一是在收集后要及时消毒；二是在入孵前。常用的消毒方法有以下 2 种：

1. 福尔马林熏蒸消毒 用高锰酸钾 14 克/米^3，福尔马林 28 毫升/米^3，并提供适宜的温度（25℃）和空气相对湿度（75%），密闭熏蒸20～30 分钟。此法主要用于入孵前的消毒。

2. 新洁尔灭浸泡消毒 用 0.1%新洁尔灭溶液（温度30℃～32℃）浸泡种蛋 5 分钟后，取出晾干，入孵或送入蛋库。

（三）其 他

将种蛋大头向上、朝向一致、倾斜 45°码于蛋盘中，这样可在一定程度上保证胚胎的正常发育，同时还可方便照蛋时的操作。

入孵前，先使孵化室内的温度、空气相对湿度分别达到24℃～28℃和55%～65%，然后再把种蛋放在孵化室内存放6～10小时进行预温。宜在下午4～6时入孵，这样可使雏鸭出壳的时间集中在第28天的白天，利于生产。

二、种蛋孵化

经选留、消毒处理的种蛋，给予适宜的孵化条件，胚蛋就会开始发育，经过一段时间后发育成雏鸭，这一过程称为孵化。从种蛋入孵到雏鸭出壳所需要的时间称为孵化期。鸭蛋的孵化期约为28天。

(一)温　度

温度是决定种蛋在孵化过程中胚胎能否正常发育的首要条件。只有在温度适宜于胚胎发育的条件下，种蛋才能正常孵化。温度过低，胚胎的新陈代谢降低，导致胚胎发育迟缓或停止发育，最后引起胚胎死亡。温度过高，鸭胚胎新陈代谢加快，细胞分化加剧，发育期缩短，可能造成胚胎大量死亡。在42℃高温条件下，鸭胚胎在2～3小时内全部死亡。可见，温度是决定孵化率高低的最关键因素。

在实际孵化过程中，由于胚胎不同发育阶段的代谢强度存在较大差异，代谢所产生的热量显著不同。因此，建议在孵化过程中最好采用变温孵化。在孵化初期(1～5天)，孵化温度为38.4℃～38.8℃；孵化中期(第6天至出雏前5天)的孵化温度为37.8℃～38.2℃；孵化后期(出雏前4天至出雏)的孵化温度为37.0℃～37.5℃。

如果生产规模小，种蛋量少，不可能在孵化机内一次性装满种蛋，进行整机孵化。此时，孵化机内通常装有3～4批种蛋在同时孵化。在孵化机内装有多批种蛋的情况下，常常采用恒温孵化技术。采用恒温孵化时，在孵化的第 1～24 天内，种蛋的适宜孵化温度是 37.8℃。在孵化后期(25～28 天)，胚胎发育开始成熟，此时不需要继续翻蛋，种蛋需要由孵化机转入到出雏机中，此过程称为落盘，标志着孵化进入了出雏期。在出雏期，孵化温度应保持在 37.0℃～37.5℃之间。

(二)湿　度

适当的湿度，可使鸭胚受热良好，利于胚胎在孵化中后期的散热，利于雏鸭破壳。在孵化的不同阶段对湿度的要求也不相同，总的原则是“两头高，中间低”。孵化第 1～9 天，因胚胎要形成羊水、尿囊液，空气相对湿度可设定为 65%～70%；第 10～26 天，为 60%～65%；第 27～28 天，为使雏鸭出壳正常，防止绒毛与壳膜粘连，空气相对湿度宜为 65%～75%。若采用恒温孵化法，空气相对湿度可设定为 65%～70%。在整个孵化期，湿度调节主要是依靠机内的加湿系统来调控的。在孵化至中后期，除机器内部的加湿系统外，晾蛋及喷水和开、关机门也对孵化湿度有一定的影响作用。

(三)通风与孵化

因早期的胚蛋主要通过卵黄囊血管利用卵黄中的氧气，所以若为恒温孵化，在孵化前期可不开或少开气孔；胚蛋发育中期，气体代谢依靠尿囊，通过气孔直接利用空气中的氧气，这时应逐渐加大通风量，以满足胚蛋发育所需的氧气；胚蛋发育后期，开始肺呼吸，耗氧量和二氧化碳排出量迅速增加，所以应加强翻蛋与孵化通风换气，必要时可采取输氧等措施。同时，利用好孵化室的换气扇或天窗等设施，做好孵化室的通风换气工作，以保持孵化室内空气的新鲜。通风换气和温度、湿度密切相关。通风换气过强，会使机内温度降低，湿度变小，胚蛋内水分蒸发加快；通风换气弱，会使机内温度升高，湿度加大，空气流通不畅。因此，通风与温湿度的调节要彼此兼顾。

(四)翻　蛋

在入孵至落盘前这段时期内，每隔 2～3 小时翻蛋 1 次。翻蛋角度不小于 45°，以 90°为宜。

(五)照　蛋

一般来说，在孵化期内需照蛋 3 次。第 7～8 天第一次照蛋，拣出无精蛋、死胚蛋；第 15～16 天第二次照蛋，检查尿囊在小头的“合拢”情况；第 24～25 天第三次照蛋，主要是观察胚蛋发育情况及拣出死胚。此外，在孵化过程中还可不定期抽检，以便掌握胚蛋发育情况。照蛋时，可将上、下蛋盘对调，四周与中央的蛋盘对调，以弥补孵化机内各处温差的影响。照蛋时，要求轻、准、快。抽盘、放盘时，要稳妥，防碰、震胚蛋。

(六)晾　蛋

孵化至中后期，胚蛋内脂肪的代谢能力增强，产生的生理代谢热较多，所以必须进行晾蛋以及时散热。通常在孵化第九天时开始晾蛋，每天晾蛋 2～3 次，直至落盘。整批入孵时，可采用机内晾蛋法，即关闭供温电路，打开机门，让风机继续运行；分批入孵时，可采用机外晾蛋法，即将胚蛋从孵化器中取出，在室温下晾蛋。夏季晾蛋时，可将 25℃～30℃的清水喷在胚蛋上降温，这样还可提高蛋壳的通透性，利于胚蛋与外界环境进行气体交换；同时还能将蛋壳表面上的胶护膜洗去，利于雏鸭出壳。随着胚龄的增长，可以适当增加喷水晾蛋的次数和时间。晾蛋时间可依季节、室温和胚胎发育情况而定。早期胚蛋或寒冷季节晾蛋时间不宜过长，一般每次 5～15 分钟；后期胚蛋或夏季时应适当延长，但大多不能超过 40 分钟。如胚胎发育较慢，可推迟 1～2 天再晾蛋，或者减少晾蛋次数和每次晾蛋时间；如发育过快，可提前晾蛋或增加晾蛋次数和时间。

（七）移盘（落盘）

三照（孵化至第25～26天）后，将种蛋转入出雏器。在此之前，应将出雏器内的温度、空气相对湿度分别调整到36.8℃和70%～75%。如大部分胚蛋的边界平齐，气室下部发红，则表明胚蛋发育迟缓，应推迟移盘时间。移盘时，适当提高室温，以避免胚蛋受到低温应激。

（八）出　雏

一般来说，孵化至27天就有部分雏鸭出壳，高峰期大多集中在第二十八天的上午。出雏时，需注意以下几点：

①做好通风换气工作，防止缺氧。

②适当提高湿度，以利于啄壳和防止雏鸭脱水。

③关闭机器内的照明灯，避免因雏鸭骚动而踩破未出壳的胚蛋。

④雏鸭出壳毛干后，及时捡出。当出雏达40%时，可进行第一次捡雏，然后每隔2～3小时捡1次。捡雏时，要轻、快，避免碰破未啄壳的胚蛋。捡雏的同时，捡出蛋壳。

（九）助　产

对已啄壳但无力出壳的弱雏可在出雏高峰期后的1～2小时、尿囊血管枯萎时施行人工助产。

第五节　雏鸭早期死亡的诊治

育雏是蛋鸭生产中的关键环节，因环境条件恶劣、养殖户管理不科学所造成的死亡，占雏鸭死亡总数的60%以上，给养鸭者造成很大损失。雏鸭绒毛稀少，体小娇嫩，体温调节能力差，消化功能不健全，对外界环境的适应能力和抗病力差，如果不加强饲养管理，忽视防疫免疫，极易引起发病和死亡。

一、雏鸭早期死亡的主要因素

（一）温　度

适宜的温度是提高雏鸭成活率的关键因素之一。雏鸭28℃～32℃最适宜，在26℃以下的低温环境中拥挤扎堆，扎入堆里面的雏鸭常因窒息而死亡。人工拨散雏鸭扎堆，出汗多的雏鸭很容易着凉感冒，人走后鸭群重新扎堆、出汗。如此反复，不仅感冒的雏鸭增多，而且雏鸭多次出汗后易引起啄毛，形成僵鸭。鸭舍温度一旦超过32℃，雏鸭即精神不振，吃食少，喝水多，体温升高，体热散发受阻，从而影响生长发育，诱发疾病。长期高温还可引起雏鸭大批死亡。雏鸭舍保温应遵循以下原则：群小稍高，群大稍低；夜间稍高，白天稍低；弱雏稍高，壮雏稍低；冬季稍高，夏季稍低。一般情况下，0～7日龄的雏鸭舍温在28℃左右，而后随其日龄的增加每周下降2℃，但昼夜温差不能超过2℃。

（二）湿　度

雏鸭对环境湿度的要求虽不像对温度的要求那样严格，但绝不能掉以轻心。实践证明，雏鸭舍要保持干燥清洁，空气相对湿度60%～70%最好，当空气相对湿度超过80%，同时伴随温度不适时，雏鸭即出现精神不振、食欲减退、扎堆、呼吸困难、腹泻、绒毛松乱等症状，突出表现是啄毛，严重时雏鸭整个头、颈和背部的绒毛全部被啄光，外观好像用热水烫过后拔净了毛一样。这样的雏鸭大多发育不良，生活力、抗病力减弱，日后容易成为僵鸭，失去饲养价值。高温高湿的环境，不仅使雏鸭的体热散失受阻，致使食欲减退，精神不佳，而且有利于霉菌等致病微生物和寄生虫的繁殖，饲料和垫料容易霉变，雏鸭容易得病，为防止育雏舍湿度过高，要经常更换垫料，喂水切勿外溢，加强通风。如遇低温高湿，对育雏更不利，危害严重，雏鸭的体热散失快，很容易着凉得病，而且饲料消耗增加。空气相对湿度如果低于 50%，那么雏鸭就会出现呼吸道疾病，雏鸭易出现脚趾干瘪、精神不振等轻度脱水症状，影响健康和生长。所以，育雏期内以温度为主要因素，把温度和湿度结合起来考虑，严格掌握，才能取得良好的效果。

（三）饲养密度

饲养密度对于雏鸭的生长发育有较大影响，舍内平地饲养，大体 1 周龄每平方米 20～25 只，网上平养密度可稍高于地面平养。密度过大，易造成雏鸭生长不均匀，还会出现呼吸道等疾病，不仅影响生长发育，还会造成雏鸭的死亡。密度过小，温度不易掌握，圈舍利用率低，经济上不合算。雏鸭的饲养密度应随日龄的增长而逐渐减少，同时也要依季节而定，冬季密度可大些，夏季要小些。

（四）分　群

在雏鸭开水、开食前，应根据出雏时间迟早和体质强弱，进行第一次分群，给予不同的保温制度和开水开食时间。开食后第二天，根据雏鸭采食情况第二次分群，将不吃食或吃食量很少的雏鸭分出来另外喂食。育雏阶段要定期按强弱、大小分群，及时淘汰病雏。健康雏鸭每群以 100～150 羽为宜，饲喂与饮水雏鸭出壳后要保证在 24 小时内开饮开食，随着体内剩余卵黄逐渐被吸收，雏鸭的新陈代谢日益旺盛。但因雏鸭的胃肠容积小，消化能力差，所以要求所供应的饲料品质好、易消化。刚出壳的雏鸭机体含水分 75%左右，若 24 小时内不给雏鸭饮水，雏鸭就会因严重失水而迅速出现精神沉郁、两翅下垂、嗜睡、眼球下陷、局部皮肤皱缩等症状。因此，对幼雏来说，及早供给清洁适温的饮水比喂料更重要，而且要保证一天24小时有水。在饲养过程中要合理分群，料槽或料盘的大小、高低要适宜，摆放位置要适当，保证每只雏鸭都能吃得好，吃得适中。

（五）有害气体

雏鸭对育雏舍内的一氧化碳、二氧化碳、氨气、硫化氢等有害气体十分敏感。当环境中二氧化碳、氨气、硫化氢的含量超标时，雏鸭就会出现精神沉郁、呼吸加快、口腔黏液增多、食欲减退、羽毛松乱无光泽等症伏。若有害气体继续蓄积，雏鸭则会出现眼角膜混浊、眼睑水肿、流泪、流鼻涕，进而食欲废绝，并出现动作失调等神经症状，最后仰头、抽风、瘫痪而死。造成雏鸭二氧化碳中毒的主要原因有室温较高、育雏舍通风不良、雏鸭饲养密度过大等。引起雏鸭氨气和硫化氢中毒的主要原因有育雏舍潮湿、通风不良、污秽的垫料和粪便等有机物没有被及时清除等。造成一氧化碳中毒主要是在冬季用采暖炉取暖时舍内没有安装排烟道，使通风不畅而造成一氧化碳中毒。所以，雏鸭舍冬季取暖时一定要注意通风要畅通，但无贼风。

（六）挤压和鼠害

育雏舍保温条件不好、雏鸭应激而突受惊吓、雏鸭在装运过程中遭受颠簸、不定时喂料饮水、饲养密度过大等常会引起雏鸭挤压致死。鼠害不仅会引起雏鸭死伤，还会传染疾病，危害其他畜禽，必须严加防范。重点要堵塞育雏舍的鼠洞，注意关闭门窗，严防老鼠进入。

（七）不按期接种疫苗

由于购进的雏鸭缺乏母源抗体，购进后又没有及时接种鸭瘟弱毒冻干苗、鸭病毒性肝炎苗等，致使传染病发生。因此，要经常打扫场地，更换垫料，保持育雏舍清洁、干燥，每天清洗料槽和饮水器，消毒育雏环境，按防疫程序及时接种疫苗。

（八）病、健鸭同群

由于部分养鸭户缺乏传染病隔离设施，致使病、健鸭同群而相互感染。所以，病、健雏一定要分开，有专门的病雏舍和弱雏舍。

（九）药物使用不当

中毒鸭群发病后由于诊断和用药方法不当，常引起鸭中毒死亡。服药时不按说明使用，而是任意加大剂量和增加服药次数。所以，当雏鸭发病时要及时请专业兽医诊治。

二、雏鸭早期疾病防治

（一）维生素缺乏症

1. 症状 出现多发性神经炎，痉挛，贫血，消瘦，生长缓慢，关节肿大，站立不稳，病鸭相继死亡。

2. 防治 在日粮中添加青绿饲料和多种维生素粉，对维生素缺乏严重的雏鸭，按鸭体重每千克用维生素 B_1 1 毫克，每日分 3 次喂服。

（二）流行性感冒

1. 症状 雏鸭精神不振，食欲降低，羽毛松乱，鼻流清液，缩颈，咳嗽，伴有支气管炎、腹泻等，可见黏膜发绀，死亡率高达 60% 以上。

2. 防治 ①绿豆 500 克煎汁，每日喂 3 次，供 100 羽鸭用；②葱500 克、豆豉 250 克、鲜芦根 500 克，葛根 250 克、黄芪 250 克、薄荷 10 克、防风 250 克煎汁，喂量不限，供 2 周龄鸭 1 000 羽用；③按日粮重量的 0.02%在饲料中加入土霉素，连喂 2～4 天；④每羽雏鸭每日喂阿司匹林 0.1 克，分 3 次喂，连喂 2～3 天；⑤每羽雏鸭肌内注射青霉素 1 000 单位，每天分 2 次注射，连续注射 1 周。

（三）鸭 瘟

1. 症状 体温 42℃～44℃，脚软，步行困难，排绿色稀便，流泪，眼睑水肿，头颈部肿大。病程一般为 3～4 天，死亡率高达 90%以上。

2. 防治 目前尚无特效治疗药物，平时要做好疫苗免疫接种，一旦发病，应及时进行隔离。注射鸭瘟鸡胚化弱毒疫苗，可预防此病。

（四）鸭病毒性肝炎

1. 症状 5 周龄以下雏鸭发病较多，常在冬季或早春暴发，病程短，传播迅速，致死率高。症状主要为病鸭运动失调，两脚发生痉挛，头向后仰，两翅下垂，呼吸困难，死前头扭曲于背上或偏斜，脚伸直向后张开。

2. 防治 1 周龄雏鸭注射 2 倍份量鸭肝炎疫苗，可预防此病。本病尚无特效治疗药物，一旦发病应立即隔离病鸭，注射高免血清或卵黄抗体或康复鸭血清，可降低死亡率，制止传染病流行。

（五）禽霍乱

1. 症状 鸡、鸭、鹅均可发生这种流行病，以 1 月龄的鸭死亡率最高。病程 1～3 天，症状为腹泻，排出绿色或白色稀便，口腔、鼻孔黏液混有泡沫，频频摇头。

2. 防 治

（1）磺胺类药 磺胺嘧啶、磺胺二甲基嘧啶和磺胺脒等药物，每千克体重口服 0.2～0.5 克，或按 0.4%比例拌入饲料内喂服，每日口服 2 次，连服 3～5 天。

（2）抗生素 每只鸭肌内注射青霉素 3 万～5 万单位，每日

2～3次，连续注射3～4天。

第六节　蛋鸭初生雏禽的雌雄鉴别

雏鸭的雌雄鉴别技术是一项重要而实用的技术，通过该技术可在商品蛋鸭初生时，将公雏拣出做育肥处理，节约了育雏的房舍，饲料和设备，种鸭可以按性别比例配套提供，总之，雌雄鉴别技术可以在养鸭业中起到增收节支的作用。以下介绍雏鸭的几种鉴别方法。

一、肛门鉴别法

肛门鉴别法在几种方法中使用最普遍，准确率也较高，依操作手法不同，又可分为以下3种方法。

（一）翻肛鉴别法

翻肛鉴别法是最为常用的鉴别方法，操作时，左手的中指和无名指夹住颈口，使其腹部向上，右手的大拇指和食指放在泄殖腔两侧，轻轻翻开泄殖腔，如在泄殖腔下方见到0.2～0.4毫米的细小突起为公雏，如是呈八字状的皱襞，则为母雏鸭。

（二）捏肛鉴别法

捏肛鉴别法也是经常采用的一种方法，操作时，左手抓握雏鸭，左手拇指紧贴雏鸭背部，其余四指托住腹部，使其背向上腹向下，肛门朝向鉴别者，然后右手的拇指和食指在泄殖腔外部的两侧轻捏，如手指感觉有一细小突起，即为公雏鸭，若没有，则为母雏。捏肛法熟练后比翻肛法速度快，要求操作者手指有较高的敏感性。

（三）顶肛鉴别法

与前两者相比，此法最难掌握，但熟练掌握后速度最快，抓握手法与捏肛相似，左手抓握雏鸭，右手中指在泄殖腔外部轻轻向上一顶。感觉有细小的突起者为公雏鸭，反之则为母雏鸭。

二、外形鉴别法

此法需要丰富的实践经验，各品种间也有一定的差异，一般来说，准确率不是很高。所以，外形鉴别法多用于粗略的估算群体中公、母雏的性别比例。

公雏鸭头部较大，喙长、颈长、脚高、尾羽尖、体型较长，喙部周围毛边呈角形；母雏鸭头部较小，喙短、颈短、脚矮、尾羽散开，体型短圆，喙部周围的毛边呈弧形。

公雏鼻子狭窄，线形，鼻边粗硬，呈起伏状；母雏鼻孔宽大，圆状，鼻边柔软，不呈起伏状，下颌毛边明显坚实，呈三角形且不整齐者为公雏；下颌毛边缘呈弧形且整齐者为母雏。

三、鸣管鉴别法

鸣管又称下喉，在气管分叉的顶部，是鸭的发声器官，公、母雏鸭的鸣管在形态结构上有较大的差异。公雏鸭的鸣管膨大呈球形，直径 3～4 毫米，在胸前就可摸到，而母雏鸭仅在气管的交叉处稍微粗大些。

第七章 蛋鸭生产中的疾病控制

第一节 防疫体系的建立

一、制定卫生防疫制度

(一)防疫制度

①严格遵守《中华人民共和国动物防疫法》等法律、法规,按照兽医主管部门的统一部署和要求,认真做好高致病性禽流感等重大动物疫病的免疫接种工作。

②严格按照免疫程序做好其他疫病的免疫接种工作,严格免疫操作规程,确保免疫质量。

③遵守国家关于生物安全方面的规定,使用来自合法渠道的合法疫苗产品,不使用实验产品或中试产品。

④在县动物疫病防控中心和镇防控所的指导下,根据本场实际,制定科学合理的免疫程序,并严格遵守。

⑤建立疫苗出入库制度,严格按照要求贮运疫苗,确保疫苗的有效性。废弃疫苗按照国家规定无害化处理,不乱丢乱弃疫苗及疫苗包装物。

⑥遵守操作规程、免疫程序接种疫苗并严格消毒,防止带毒或交叉感染。疫苗接种及反应处置由取得合法资质的兽医进行或在其指导下进行。免疫接种人员按国家规定做好个人防护。

⑦疫苗接种后,按规定详细记入免疫档案。

⑧定期对主要病种进行免疫效价监测，及时改进免疫计划，完善免疫程序，使本场的免疫工作更科学、更实效。

(二)消毒制度

①养鸭场（小区）大门和圈舍门前必须设消毒池，并保证消毒液消毒效果；场内应设更衣室、淋浴室、消毒室、患病动物隔离舍等。

②选择高效低毒、人畜无害的消毒药品，消毒药应根据消毒目的、对象选择和储备，不得选择对环境、生态及动物有危害的药品。

③养鸭场定期不定期进行清扫、冲洗、光照和使用化学药品等多种方法相结合进行消毒。

④鸭舍每天清扫1～2次，周围环境每周清扫1次，及时清理污物、粪便、剩余饲料等物品，保持鸭舍、场地、用具及鸭舍周围环境的清洁卫生，对清理的污物、粪便、垫草及饲料残留物应通过生物发酵、焚烧、深埋等进行无害化处理。发病期间消毒做到1天1次。疾病发生后进行彻底消毒。

⑤场内工作人员进出场要更换衣服和鞋，场外的衣物鞋帽不得穿入场内，场内使用的外套、衣物不得带出场外，同时定期进行消毒。所有人员进入养殖区必须经过消毒池和消毒室，并对手、鞋消毒。消毒池的药液每周至少更换1次。

(三)无害化处理制度

①当饲养的蛋鸭发生疫病死亡时，必须坚持“五不一处理”原则：即不宰杀、不贩运、不买卖、不丢弃、不食用，进行彻底的无害化处理。

②养鸭场必须根据养殖规模在场内下风口修一个无害化处理化尸池。

③当养鸭场发生重大动物疫情时，除对病死鸭只进行无害化处理外，还应根据兽医主管部门的决定，对同群或染疫的鸭只进行

扑杀和无害化处理。

④当鸭群发生一般传染性疾病时，一律不允许交易、贩运，就地进行隔离观察和治疗。

⑤无害化处理过程必须在驻场兽医和当地动物卫生监督机构的监督下进行，并认真对无害化处理的鸭只数量、死因、处理方法、时间等进行详细的记录、记载。

⑥无害化处理完后，必须彻底对其圈舍、用具、道路等进行消毒、防止病原传播。

⑦在无害化处理过程中及疫病流行期间要注意个人防护，防止人兽共患病传染给人。

二、常用防疫和消毒方法

(一)蛋鸭养殖防疫关键措施

1. 做好环境消毒工作是预防疫病发生的前提

(1)确保有效的消毒效果　目前用于蛋鸭养殖场环境消毒的药物有:醛类(甲醛、戊二醛)、碱类(火碱、生石灰)、卤素类(氯制剂有漂白粉、消毒王、灭毒威等，碘制剂有碘三氧)、过氧化物类(过氧乙酸)、季铵盐类(百毒杀)。消毒前先要做物理性的清扫冲洗，以防有机物(粪、尿、脓血、体液等)的存在，然后再进行喷洒药液消毒。

(2)消毒顺序　鸭场消毒时要遵循先净道(运送饲料等的道路)，后污道(清粪车行驶的道路)；先后备鸭场区，后蛋鸭场区；先种鸭后商品鸭。鸭舍内的消毒桶严禁借用或混用。

(3)消毒频数　一般情况下，全场和带鸭消毒每周不少于2次；发病时期，坚持每天带鸭消毒。

2. 做好基础免疫工作是预防鸭病流行的关键　为了预防传

染病的发生，养鸭场必须制定合理的免疫程序以保护鸭群健康。一个地区鸭群可能发生的传染病不止一种，而可以预防这些传染病的疫苗（菌苗）的性质不尽相同，在鸭体内所产生的抗体并能抵御病原微生物侵袭的期限（免疫期）也不同。因此，鸭群需使用多种疫苗（菌苗）来预防不同疾病，也需要根据各种疫苗（菌苗）的免疫特性来制定预防接种的次数和时间，这就形成了在实际中应用的免疫程序。一个合理的免疫程序能够很好地预防疾病的发生，并尽量减少因为疫苗免疫给鸭群造成的应激反应。因此，种鸭免疫应避开产蛋高峰，雏鸭免疫应考虑母源抗体的存在。给鸭群打预防针既要减少人力、物力的浪费，又要提高免疫质量，关键要看免疫效果。鸭场可根据本地区和本场疾病发生情况，适时适度地引入疫苗进行免疫。例如，在鸭肝炎的高发区或受肝炎威胁的地区就必须进行鸭传染性肝炎的免疫。

疫苗免疫，对鸭群本身是一种应激，为了减小这种应激，可在饲料或饮水中添加多维电解质。不同季节，免疫接种要注意必要的细节问题。冬季气温极低，使用油乳剂灭活疫苗时，先要将疫苗恢复至舍温，否则注射到皮下的疫苗形成疫苗团而不易吸收；夏季气候炎热，疫苗接种时，首先要保证充足的饮水，并且尽量将免疫时间安排在清晨凉爽的时候。免疫中，要不断摇匀疫苗，使每只鸭都能获得等量有效的抗原免疫。接种组织弱毒苗时，免疫全程时间最好控制在1个半小时内，以防疫苗在温度过高的鸭舍中长时间暴露而影响病毒的免疫活性。

3. 建立科学的疾病防御体系是控制疫病流行的保障

（1）把好入口关　大门口树立标识“防疫重地，谢绝参观”，设专人把守，严禁外来车辆和人员进场；进入生产区时必须洗手消毒并经消毒通道（有消毒水池和紫外线灯）方可进入。

（2）防止交叉感染　各舍饲养员禁止串场、串岗，以防交叉感染。场区环境应保持干净无污，随时射杀进入场区的野鸟，严防其粪便污染饲料和运动场；坚持定期的全场和带鸭消毒，发病期间要天天消毒；做好灭鼠和灭蚊蝇工作。病死鸭和剖解病料必须做无害化处理，不得任其污染环境，造成人为的疾病发生。

（3）科学疾病防治　兽医对病死鸭要勤于解剖，病料应及时进行实验室检验，依据药敏结果用药防治。初期投药后，兽医仍应进行跟踪治疗，直到病愈为止。兽医根据药敏试验、临床用药情况、发病日龄和季节，结合生产实践，获得本场的预防用药程序。在选药时，避免使用假冒伪劣兽药而造成免疫失败，导致严重的经济损失。

4. 做好禽流感（AI）防控工作是当前及今后的迫切任务　AI给养禽业造成的不仅仅是巨大的经济损失，更为严重的是灭顶之灾。该病血清型众多，且存在基因突变、重组或重排现象，给AI防控带来了很大的困难。因此，在进行AI防控中，除采用免疫预防结合药物治疗的常规方法外，还应根据禽流感病毒（AIV）感染不同于其他疾病的特征，采取一系列综合防治措施。

①A型AIV有囊膜，裸露时对诸如去污剂等脂溶剂比较敏感，常用的消毒剂很容易将其杀死；该病毒不耐热，60℃加热10分钟、70℃加热数分钟即可使其丧失活性。但在野外条件下，AIV常从感染禽的鼻腔分泌物和粪便中排出，当病毒受到这些有机物的保护时，就极大地增加了抗灭活的抵抗力，要灭活环境中的病毒，首先考虑的是对感染禽群的扑杀，继而对其分泌物和排泄物进行发酵等的无害化处理，以切断其传播。因此，养鸭场应坚持全进全出的封闭式饲养管理，避免与野鸟或其他禽群混饲，并加强活禽市场的监管，切断传播途径。

②考虑到AI不但血清型众多，而且病毒基因存在突变、重组或重排，这样就需要快速多变的疫情监测工作严格有效。因此，定期持续的鸭群跟踪监测成为必要。

③加强病毒分子生物学和流行病学研究，根据发病时间、发病

地区的病毒特点和差异，确立疫病防控措施的重点。

(二)蛋鸭场消毒方法

消毒就是杀灭外界环境中病原微生物，切断疫病的传播途径，达到预防疫病的发生和传染的目的。在进行环境消毒前，要清除环境污物，保持鸭舍及周围环境卫生，定期进行消毒；同时，对水源也要进行消毒。

鸭舍及活动场所地面可用1%～3%火碱溶液或3%～5%来苏儿溶液进行消毒，正常情况下，每隔1个月消毒1次，如果周围疫情严重，也可增加消毒次数。

料槽、用具等可用1∶1 500的消特灵、百毒杀等溶液浸泡消毒。

在进雏前，应在门窗密闭的状态下，采用每立方米空间福尔马林28毫升、高锰酸钾14克进行熏蒸消毒4～8小时，消毒后要打开门窗、通风换气以后才能入雏。

种蛋的消毒，一般是当天产下的种蛋，采用每立方米空间福尔马林42毫升、高锰酸钾21克、水5毫升熏蒸20分钟，对入孵1天的种蛋每立方米空间用福尔马林28毫升、高锰酸钾14克熏蒸20分钟即可。

定期在鸭舍内喷雾活力99保健液，以增加鸭舍内的有益微生态群，提高免疫力，同时也有清除臭味的效果。

三、制定合理免疫程序

(一)蛋鸭免疫程序

蛋鸭免疫程序(仅供参考)，见表7-1。

表 7-1 蛋鸭免疫程序

日 龄	疫 苗	使用方法
1	鸭病毒性肝炎弱毒疫苗	皮下注射
10	双价禽流感〈H5H9〉灭活苗	皮下注射
21	鸭瘟弱毒苗	皮下注射
40	双价禽流感〈H5H9〉灭活苗	皮下或肌内注射
开产前	鸭肝(种鸭)、鸭瘟、流感苗	分别皮下或肌内注射

注:在病毒性鸭肝炎发病严重区可在1～3日龄时用鸭病毒性肝炎高免血清免疫,每鸭皮下注射0.5毫升。有疫情雏鸭群,外观无病的雏鸭,每鸭皮下注射0.7～1毫升。60～70日龄注射1次禽霍乱疫苗。

100日龄前后再注射1次禽霍乱疫苗。

70～80日龄注射1次鸭瘟弱毒疫苗。对于只养1年的蛋鸭注射1次即可,利用2年以上的蛋鸭应隔1年再注射1次。

鸭瘟和禽霍乱的预防注射,都要在开产以前完成,进入产蛋高峰期后,尽可能避免捉鸭打针,以免影响产蛋。正常的开产日龄为130～150天,标准的开产体重为1 400～1 500克,如果体重超过1 500克则认为过于肥大,应轻度限制饲养,适当多喂些青绿饲料和粗饲料。对于发育差、体重轻的鸭,要适当增加饲喂量,每只每天的平均喂料量应掌握在150克。每日喂3～4次,每次喂料的间隔时间尽可能相等,避免采食时饥饱不均。青年鸭在培育期内不用强光照明,要求每天标准的光照时间稳定在8～10小时,在开产以前不宜增加。青年鸭的胆子小,蛋用品种神经尤其敏感,应利用喂料、喂水、换草等机会多与鸭群接触,有意识地培养鸭子胆量,以免遇到生人走近或环境改变时,引起惊群,造成严重损失。

(二)蛋鸭的药物预防程序

蛋鸭药物预防程序(仅供参考),见表7-2。

表 7-2　蛋鸭药物预防程序

日　龄	用药名称	使用方法
1～4	维安泰和维力健	100 千克/袋分黑白天饮用
15	舒牧佳	200 千克/袋饮水
23	强力泰诺欣和朴静	300 千克/袋饮水，250 千克/袋拌料
30	驱虫散	75 千克/瓶拌料
40	诺威-100 和朴静	200 升水/袋饮水，250 千克/袋拌料

注：以上用药西药均为 4 天 1 个疗程，中药为 7 天 1 个疗程。

四、蛋鸭常用药品和消毒剂的使用方法

（一）蛋鸭常用药品

表 7-3 列出了蛋鸭饲养过程中常用药品名、作用与用途及使用方法和剂量。

表 7-3　蛋鸭常用药品及使用方法

品　名	作用与用途	用法与用量
芙劳安	鸭大肠杆菌、鸭传染性浆膜炎、禽霍乱、鸭副伤寒	100 克兑水 150～200 升 1 日 2 次，连用3～5 天
氟来乐	鸭传染性浆膜炎，鸭大肠杆菌病、禽霍乱、鸭副伤寒	100 克拌料 75～100 千克，连用 3～5 天
菌灭灵	鸭传染性浆膜炎，鸭副伤寒、大肠杆菌病、葡萄球菌病	100 克兑水 200 升，1 日 2 次，连用 3～5 天
安痢康	鸭大肠杆菌病、传染性浆膜炎、其他细菌性肠炎和菌痢	100 克兑水 200 升用于治疗，预防药量减半，连用 3～7 天

续表 7-3

品　名	作用与用途	用法与用量
好肠生	鸭大肠杆菌、沙门氏菌、痢疾杆菌等敏感菌所致的痢疾，腹泻、发育不良等疾病，疗效显著	100 克兑水 100 升，预防连用 3 天，治疗连用 5 天
肠呼安	鸭传染性浆膜炎，鸭大肠杆菌，沙门氏菌引起的肠道、呼吸道疾病	100 克兑水 200 升，连用 3～5 天
杆沙立灭	鸭大肠杆菌病、禽霍乱、鸭副伤寒、鸭金葡萄菌病	100 克兑水 150～200 升，连用 3～5 天
菌毒速灭	鸭传染性浆膜炎、鸭大肠杆菌、沙门氏菌及其菌毒混合感染	100 克兑水 200 升连用 5～7 天
瘟乐康	抗病毒药	100 克兑水 200 升，重症加倍，1 天 2 次，连用3～5 天
毒特威	抗病毒及菌毒混合感染	100 克兑水 150～200 升，连用 3～5 天
诺西林	鸭传染性浆膜炎、鸭大肠杆菌等细菌感染	100 克兑水 300 升用于预防；治疗加倍，1 天 2 次，连用 3～5 天
杆沙必克	鸭大肠杆菌病、鸭传染性浆膜炎	100 克兑水 300 升用于预防；每天 2 次，连用 3～5 天。治疗加倍
克拉斯	鸭大肠杆菌、肠炎及支原体感染	100 克兑水 200 升，连用 3～5 天
六和肠乐	肠炎、鸭传染性浆膜炎	100 克兑水 300 升，每天 2 次，连用 3～5 天
埃希克	鸭传染性浆膜炎、白痢等细菌感染	100 克兑水 300 升，每天 2 次，连用 3～5 天
菌痢消	肠炎、鸭大肠杆菌	100 克兑水 300 升，连用 3～5 天

续表 7-3

品　名	作用与用途	用法与用量
伊美克	鸭大肠杆菌病、球虫、肠炎、传染性鼻炎	200 克兑水 400 升，连用 3～5 天
支原星	严重支原体感染兼治肠炎	100 克兑水 300 升，连用 3～5 天
克毒威	抗病毒药	100 克兑水 300 升，每天 2 次，连用 3～5 天
毒瘟康	抗病毒药	100 克兑水 200 升，连用 3～5 天

(二)消毒剂使用方法

消毒剂按照其化学作用原理或灭菌机制分为 4 类。一是碱性消毒剂，主要有生石灰、草木灰、烧碱和季铵盐。二是酸性消毒剂，包括乙酸、甲酸、苯甲酸、乳酸、水杨酸、盐酸、硫酸等。三是氧化性消毒剂，主要有过氧乙酸、过氧化氢、次氯酸、高锰酸钾、碘酊、酚类、醛类（甲醛、戊二醛等）等。四是醇类消毒剂，主要有乙醇、异丙醇两种。

国家环境保护行业标准（HJ/T 80—2001）对我国畜禽养殖场能够使用的清洁剂和消毒剂提出了明确规定。在鸭场使用消毒剂时，应严格执行 HJ/T 80—2001 标准的各项要求。该标准提出了允许在鸭场使用的清洁剂和消毒剂主要有 19 种，包括水和水蒸气、软皂、石灰水、生石灰、次氯酸钠、氢氧化钠、氢氧化钾、过氧化氢、柠檬酸、过氧乙酸、蚁酸、乳酸、草酸、乙酸、酒精、甲醛、碘酊、高锰酸钾、碳酸钠。酸类消毒剂因其具有较强的腐蚀性，养鸭场不常用。

1. 碱性消毒剂　常用的碱性消毒剂主要有生石灰、草木灰、火碱和季铵盐。用3%～5%生石灰水溶液、1%～2%火碱溶液喷洒消毒鸭舍内地面、墙壁、网架结构、水槽和料槽等养殖设备及运动场等，具有良好的消毒作用。冬季北方地区在使用火碱溶液消毒时，应防止冻结而降低消毒效果。火碱溶液有强烈的腐蚀性，不应用于金属器械、纺织品的消毒。更应避免鸭群直接接触火碱溶液。草木灰与水按 1∶10 的比例混合均匀，制成水溶液，喷洒鸭舍、运动场，浸泡消毒水槽及料槽等，水温为 50℃～70℃时消毒效果最好。

2. 氧化性消毒剂 氧化性消毒剂主要有过氧乙酸、过氧化氢、次氯酸、高锰酸钾、碘酊、酚类、醛类(甲醛、戊二醛等)等。

0.3%～0.4%高锰酸钾溶液可用于消毒鸭舍、运动场、水槽及料槽等。用高锰酸钾和福尔马林进行熏蒸消毒时，消毒剂量为每立方米鸭舍使用福尔马林 28 毫升、高锰酸钾 14 克。方法是将福尔马林迅速、轻轻倒入盛有高锰酸钾的容器中，操作人员立即离开鸭舍，关严门窗 30 分钟。鸭舍温度保持在 24℃以上、空气相对湿度 75%以上时，熏蒸消毒效果较好。

漂白粉混悬液能有效杀灭细菌、病毒和炭疽芽孢，用于圈舍、料槽及排泄物的消毒。使用的溶液浓度为 5%。使用漂白粉混悬液消毒时，应现用现配，避免用于消毒金属器械。

第二节 鸭常见疾病

一、常见病毒性疾病

目前，鸭病毒性传染病的发生和流行仍然是制约养鸭业发展的最重要的一类疫病，现将主要的鸭常见病毒病的发生和防治简述如下。

（一）鸭　瘟

1. 流行　鸭瘟是由疱疹病毒引起的鸭的一种急性、接触性、败血性的传染病。因发病鸭常见头颈部肿大，故俗称“大头瘟”。不同日龄和品种的鸭均可感染，自然发病多见于育成鸭和成年鸭，但近来10～15日龄的雏鸭亦时有发生，流行期比较长，可达15～30天，死亡率在90%以上。

2. 症状　病鸭表现为高热、头部肿胀、缩颈、流泪、眼睑水肿、两翅下垂、脚麻痹，严重的病鸭伏地不起，排绿色或灰绿色稀便；产蛋鸭还可表现为产蛋量下降。

3. 病变　剖检病变主要见病鸭呈全身急性败血症，颈部以至全身皮下组织及胸、腹腔的浆膜常见有淡黄色胶样浸润物；肝有不规则的、灰黄色坏死点，不少坏死点中间有小点出血，或其外围有环状出血带；脾稍肿，部分病例有灰黄色坏死病灶；小肠的外、内表面可见环状出血带；泄殖腔黏膜有充血、出血、水肿及坏死灶，内夹有较坚硬的物质；产蛋母鸭卵巢、卵泡充血和出血、变形，常见腹膜炎；成年公鸭的睾丸充血或出血。

4. 防治　迄今尚无特效药物可用于治疗，故应以防为主。除做好生物安全性措施外，采用鸭瘟弱毒活疫苗进行免疫接种能有效地预防本病的发生。现已有较理想的鸭癌致弱活疫苗，接种可按厂家说明适当稀释后，20日龄至1月龄0.5毫升/只，2月龄以上的鸭肌内注射1毫升/只。为保证免疫保护，种鸭每年通常应接种2次。1日龄时亦可注射疫苗，但免疫期不超过1个月，应及时加强免疫。一旦发生鸭瘟，应及时封锁，严禁病鸭流动，妥善处理病、死鸭及污染物，舍内外环境、场地及用具严格消毒。同时，对受威胁的鸭群和发病鸭群实施紧急疫苗接种。抗鸭瘟高免血清或蛋黄匀浆对发病早期有相当好的防治效果，但待疫情稳定后10～14天内仍应紧急接种疫苗。

(二)鸭病毒性肝炎

1. 流行 本病是由小核糖核酸病毒引起的各种雏鸭的一种高致死率的急性、烈性传染病。各品种的鸭均易感,危害极大,发病日龄主要为1～3周龄,尤以1～2周龄最为严重,个别发病日龄达到4～5周龄。发病率为30%～90%不等,致死率常在90%以上。

2. 症状 病鸭主要表现为发病急,一般多在出现症状后24小时内死亡,死亡高峰主要发生在发病后3～4天,濒死前出现角弓反张等神经症状为主要特征。

3. 病变 剖检可见肝大,质脆易碎裂,樱桃红色,肝表面有大小不等的新鲜出血斑点,胆汁呈茶色或草绿色,部分肺瘀血、水肿。

4. 防治 对本病的防治,目前尚无特效药物,除了做好一般性的生物安全措施外,主要是依赖特异性的免疫预防和防治。在疫区,可用商品鸭肝炎弱毒苗或以本地分离的鸭肝炎病毒制备的灭活疫苗于多发日龄前7～10天免疫雏鸭或种鸭,其保护效果较好。免疫种鸭的方法是在开产前2～4周肌内注射1头份,14天后倍量加强免疫接种1次,这样母鸭所产的蛋中就含有多量母源抗体,所孵出的雏鸭因此而获得被动免疫,其免疫力能保持3～4周,是当前预防本病的一种既方便又安全有效的方法。一旦发生本病,可在发病初期及时使用以本地分离毒制备的高免蛋黄抗体或高免血清,配合使用多维和中草药制剂,如"鸭肝康"进行治疗,可使病鸭群的残废率控制在5%以下。

(三)鸭黄病毒

1. 流行 流行范围广,损失大。传播速度快,一般在1周左右可以感染一个养殖小区或者聚养区的所有鸭群。一户一旦发病,随后以点为中心,快速向周边区域扩散,几天之内可传遍周边区域,特别是鸭棚密集区传播更迅速,发病更严重。发病急,发病率高，死亡率较低。几乎可以引起鸭群中100%个体感染和发病；但死亡率较低，产蛋鸭通常低于10%，多数在5%以下；发病率和死亡率与发病季节有关，与养殖场的管理有关；部分养殖场的青年鸭和雏鸭发病后，死亡率较高，可达20%。主要危害鸭，包括蛋鸭、肉种鸭（樱桃谷鸭、北京鸭等）和野鸭种鸭。

2. 症状 病程通常急性，发热，减食，产蛋减少，腹泻，瘫痪。产蛋鸭为10～14天，雏鸭7～10天。鸭群感染初期，吃料减少，发病高峰期废食，持续3～4天后采食才逐渐增加。产蛋量急剧减少，可以在4～5天内从90%减少至10%以下。部分病鸭腹泻，粪便稀薄，排绿色水样便。病鸭双腿瘫痪，向后伸展。

3. 防治 平常要采取隔离和消毒。对场地和循环使用的蛋筐要进行消毒。药物治疗，鸭毒抗1毫升/千克＋头孢＋干扰素，一般注射1次就可以，病情严重者可在配合急救干扰素饮水800只/瓶。

二、常见细菌性疾病

（一）鸭传染性浆膜炎

鸭传染性浆膜炎，又名鸭疫里默氏杆菌病，是侵害雏鸭的一种慢性或急性败血性传染病。本病于1932年首先在美国纽约州长岛3个鸭场发现，死亡数千只，并从病死鸭体内分离出一种新的细菌，故命名为“新鸭病”。6年后，在美国伊利诺伊州商品鸭中也发生此病，称为“鸭败血症”。1955年多尔蒂（Dougherty）对本病进行了病理学研究，发现浆膜炎是很重要的病理特征，故定名为“鸭传染性浆膜炎”。此后，本病在英国、加拿大、挪威、前苏联、澳大利亚和我国也相继发现。发病率和死亡率均很高，成为危害养鸭业的一种重要传染病。

1. 病原 本病的病原体为鸭疫里默氏杆菌(Riemerel-laanatipestifer)(原称鸭疫巴氏杆菌),革兰氏染色阴性,无芽孢,不能运动。培养后涂片镜检,菌体多为小杆菌,有的呈椭圆形,单个存在,少数成双排列,偶尔呈长丝状。经墨汁负染见有荚膜。经瑞氏染色,见有少数菌体两端浓染。鸭疫里默氏杆菌分21个血清型,彼此间无交叉免疫。

2. 流行病学 在自然情况下,2～8周龄雏鸭易感,其中以2～3周龄鸭最易感。1周龄内和8周龄以上不易感染发病。在污染鸭群中,感染率很高,可高达90%以上,而死亡率高低不等,低的5%,高的可达80%。本病无明显季节性,一年四季均可发生,春、冬季节较多发。本病主要经呼吸道或皮肤伤口感染。育雏舍鸭群密度过大,空气不流通,地面潮湿,卫生条件不好,饲养管理粗放,饲料中蛋白质水平过低,维生素和微量元素缺乏等,都是本病发生和流行的诱因。被细菌污染的空气是重要的传播途径。关于经种蛋传播问题尚属可疑。本病除鸭易感外,雏鹅也可感染发病,其他如鸡、火鸡和野鸡虽有感染,但很少发病。

3. 症状 本病潜伏期一般1～3天,有时可长达7天。最急性病例常无任何明显症状而突然死亡。急性病例的主要临床症状是嗜睡,缩颈,喙抵地面,两脚软弱,不愿走动,行动迟缓,共济失调,食欲减退或不思饮食。眼有浆液性或黏液性分泌物,常使两眼周围羽毛粘连脱落。鼻孔中也流出浆液性或黏液性分泌物。粪便稀薄,呈绿色或黄绿色,部分雏鸭腹部膨胀,濒死期出现神经失调的症状,如摇头、点头或背脖,两肢伸直呈角弓反张状态。进而出现全身痉挛性抽搐,很快死亡。也有少数病例出现阵发性痉挛,在短时间内发作2～3次后死亡。病程一般为2～3天,而4～7周龄的雏鸭,病程可达7天以上,呈亚急性或慢性经过。主要临床表现为沉郁困乏,食欲减少,肢软伏卧,不愿走动,常呈犬坐姿势,进而出现运动失调,痉挛性点头或摇头摆尾,前仰后翻,呈仰卧姿态。

有少数病例出现头颈歪斜，不断鸣叫，时而转圈，时而后退。但在安静时，症状稍有缓解，也可采食、饮水，很像健鸭。这样的慢性病例，常能存活。但发育不良，体态消瘦，失去经济价值。还有少数病例出现张口呼吸等呼吸困难的症状，常因发育不良，体态消瘦，衰竭而死亡。也有的病例出现跗关节肿胀，跛行，伏卧不起。

4. 病变　主要病变是浆膜面上有纤维素性炎性渗出物，以心包膜、肝被膜和气囊壁的炎症为主。病程较长的病例，炎性渗出物机化呈干酪样，形成典型的纤维素性心包炎、肝周炎或气囊炎。

(1)心脏　急性病例心包积液，心包膜有纤维素性渗出物附着。慢性病例心包内有纤维素块填充，心包膜与心外膜粘连。病程较久者，纤维素性渗出物机化呈干酪样。

(2)肝脏　肝脏表面覆盖一层灰白色或灰黄色纤维素膜，容易剥脱。肝呈土黄色或红褐色。肝实质较脆，胆囊肿大，有时肝脏也稍肿大。病程较长的病例，肝表面渗出物机化，形成淡黄色的干酪样团块，不易剥脱。

(3)气囊　多数病例的气囊壁上附有纤维素性渗出物。病程较长的病例，渗出物可部分地钙化。

(4)脾脏　脾脏肿大或肿胀不明显，表面附有纤维素性薄膜，有的病例脾脏明显肿大，呈红灰色斑驳状。

(5)腔上囊　体积很小，黏膜上皮变性脱落。

(6)其他脏器　肺间质水肿、纤维素性脑膜炎、输卵管炎、关节炎及坏死性皮炎。

5. 诊断　根据小鸭发病的日龄多在2～4周之间，临床症状表现为沉郁、缩颈、腹泻、痉挛，病变主要为心包炎、肝周炎和气囊炎等，这些表现与大肠菌病、沙门氏杆菌病及衣原体感染都非常相似，即使是有临床经验者，也难免发生误诊。因此，本病的确诊必须进行细菌的分离与鉴定。

6. 防　治

(1)加强饲养管理　要有良好的育雏设备,育雏舍冬季防寒,夏季防暑,便于消毒。要有合理的饲养密度,通风良好,防止潮湿,勤换垫草。采用“全进全出”的育雏方法。

(2)药物防治　应用抗生素类药物,预先应做药敏试验,宜选用抑菌效果好的药物。

(二)鸭出败(鸭霍乱)

鸭出败是一种急性败血性传染病,其临床特征是发病急,死亡快,排绿色稀便。浆膜和黏膜上有小出血点,肝脏上布满灰黄色点状的坏死灶。是危害养鸭业的一种严重传染病。

1. 病原　本病的病原体是禽型多杀性巴氏杆菌,菌体是近似于卵圆形的短小杆菌,常单独存在,有的成对,也有的呈短链状或丝状。革兰氏阴性,不形成芽孢,无鞭毛,不能运动。用瑞氏或美蓝染色,菌体两端浓染,呈明显的两极染色,经人工培养基培养后,这种特征消失。本菌有若干个血清型,其中有 4 个血清型与禽霍乱有关。本菌对理化因素的抵抗力较弱,在 5%石灰乳、1%～2%漂白粉、3%～5%煤酚皂溶液中,经数分钟即被杀灭;在 60℃时 10 分钟即可灭活;在直射日光下很快死亡;在干燥空气中可存活 2～3 天;在血液、分泌物和排泄物中能存活 6～10 天;在腐败尸体中则能存活 3 个月。本菌对青霉素、链霉素、土霉素、磺胺嘧啶、磺胺二甲基嘧啶、痢菌净等多种药物均很敏感。

2. 流行病学　本病无明显季节性,在我国北方地区,以春、秋季多发;南方地区以秋、冬季多发。气温较高、多雨湿潮、天气骤变、饲养管理不良等多种因素,都可以促进本病的发生和流行。病鸭、带菌鸭及其他病禽都是本病的传染源。病禽的排泄物污染了场地、饲料和饮水,也经消化道传染;病禽的分泌物中含有细菌,也可因接触通过飞沫传染;有时也可因破伤而感染。带菌鸭经过长途运输，体质衰弱，抗病力降低，也可发病。在被病死禽污染了的湖泊、河流、水塘、水渠等水域放牧鸭群也容易感染发病。其他如往来人员，运输工具，野生动物和禽类，都有可能是本病的传染媒介。许多禽类都可感染，但以鸭、鹅、鸡最易感。各种日龄的鸭均可感染发病，以 30 日龄内的雏鸭发病率较高，死亡率也高，成年鸭发病较少，死亡率也较低。

3. 症状　潜伏期一般 1～3 天。根据病程长短和严重程度，本病分为最急性、急性和慢性 3 种类型。

(1)最急性型　疫情初期，在鸭群无任何临床症状的情况下，常有鸭子突然死亡。例如，当天晚上很正常，第二天早晨发现死亡；有的鸭子突然死于池塘水边；有的鸭子还突然死于放牧路上。

(2)急性型　鸭群采食量下降，精神状态普遍不好，蛋鸭产蛋量开始下降。病鸭行动迟缓，步态蹒跚，常落于鸭群之后，不愿水下浮游，羽毛松乱，食欲废绝，体温升高，一般在 42.5℃～44℃。嗉囊积食胀大，倒提鸭时，常从口、鼻流出酸臭液体。也有病鸭咳嗽，张口呼吸，呼吸加快，气喘，摆头甩头，力图排出喉腔黏液，因此又有“摇头瘟”之称。病鸭腹泻，排出灰白色、灰黄色或黄绿色的稀便，有时稀便中带血，腥臭难闻。有的病鸭后期瘫痪，常在 1～3 天内死亡。

(3)慢性型　在疫情流行后期，经常有 2%～10%的病鸭转为慢性。表现体质消瘦，单侧性或双侧性下肢关节肿胀，跛行，行走困难。病程较长时，肿胀关节变硬，也有继发感染化脓的病例。若不及时治疗，也可导致败血症死亡。

4. 病变　最急性死亡病例，体表检查，只见眼结膜充血发绀，剖检特征是浆膜小点状出血，肝表面有很细微的黄白色坏死灶。急性死亡病例，除上述典型病变外，皮肤上有散在的少数出血点，心外膜和心冠脂肪上有出血斑点。心包液增多，呈淡黄色透明状，有的也有纤维素絮片状物，液体浑浊。肝脏稍肿，呈土黄色，质地脆弱，表面有针尖状出血点和坏死灶。胆囊肿大，肠道黏膜呈现充血和出血性炎症，也有的肠段呈现卡他性炎症，肺有炎症、气肿和出血性病变，呼吸道黏膜有充血或出血性炎症，也有卡他性炎症。有的病例有气囊炎。慢性病例多呈关节炎型，关节肿胀，关节囊壁增厚，关节腔内有暗红色浑浊而黏稠的液体，也有的关节腔内有干酪样物质。肝脏一般有脂肪变性，或有坏死灶。

5. 诊断 本病依据流行病学和临床剖检资料，不难做出诊断。为了确诊，积累资料，可进行细菌学检验。本病应注意与鸭疫里默氏杆菌病、鸭瘟和鸭副伤寒等病相鉴别。

6. 防治

（1）预防 平时加强鸭群的饲养管理，雏鸭、中鸭和成鸭要分群饲养。不从有疫情鸭场引进雏鸭或种鸭，引进鸭群后应隔离饲养15～30天，待确认无病后才能转入场内。周围地区发生疫情后，要停止放牧，加强防疫消毒工作，立刻进行疫苗接种。一旦发生疫情，要积极采取封锁、隔离、消毒、治疗和焚尸灭源等措施。

（2）接种菌苗 目前，我国生产的禽霍乱菌苗有两种，一种是弱毒菌活苗，一种是灭活菌苗。现介绍如下：禽霍乱弱毒菌活苗为冻干苗，按菌苗使用说明应用，接种2月龄以上的鸭群，免疫期3个半月，免疫效果良好，免疫期禁用抗生素。禽霍乱氢氧化铝灭活菌苗，是一种经常应用的混悬液状菌苗，用于2月龄以上的鸭群，每只肌内注射2毫升，隔10天再注射1次，能获得良好的免疫效果，免疫期3个月。禽霍乱油乳剂灭活菌苗，用于2月龄以上的鸭群，每只皮下注射1毫升，免疫期6个月，免疫效果良好。建议免疫程序如下：蛋鸭于20～30日龄首免，于开产前半个月二免，开产后每半年免疫1次。

（3）治疗 发病后及时用抗生素和磺胺类药物治疗，但要保证足够药量和坚持疗程。

抗生素：①青霉素：每只鸭肌内注射5万～10万单位，每日2

次，连用2～3天。②链霉素：每只成年鸭肌内注射10万单位，每日2次，连用2～3天。③土霉素：每只鸭喂土霉素粉0.15～0.2克，加水稀释灌服，或用土霉素片(25万单位)每天1片，连用3～5天；或饲料中添加0.05%～0.1%的土霉素，连喂数天。④氟苯尼考：按每千克体重25～30毫克服用，连用3～5天。

磺胺类药物：在饲料中添加0.5%～1%的磺胺二甲基嘧啶；或按0.1%的比例添加在饮水中，连喂3～4天；或用复方新诺明及长效磺胺，每只成鸭用0.2～0.3克，每日1次。

中药治疗：①苦木0.3克，一见喜0.6克，墨旱莲1.2克。上药煎水调入饲料中喂。②白矾30克，雄黄45克，甘草18克，研末拌料喂。③山楂、钩藤、宝花、淡竹叶、茵陈、荆芥、耳草各500克，煎水喂服。

(三)鸭副伤寒

鸭副伤寒是由沙门氏菌引起的一种急性或慢性传染病。其临床特征是严重腹泻，引起雏鸭大批死亡。剖检特征是盲肠肿胀，坏死性肠炎，肠内容物呈干枯样。成鸭为带菌鸭。在食品卫生上，应注意人类食物中毒。

1. 病原 本病的病原体是沙门氏菌属的多种细菌，其中鼠伤寒沙门氏菌是引起鸭副伤寒病的主要菌种。据美国有关报道，在送检的7029只病鸭样本中，分出了491株沙门氏菌，其中鼠伤寒沙门氏菌占93%。沙门氏菌为革兰阴性菌，无芽孢，有鞭毛，能运动，能在多种培养基上生长。在琼脂培养基上培养，菌落为圆形，微隆起，表面闪光，边缘光滑，直径为1～2毫米。沙门氏菌对理化因素的抵抗力不强，在60℃加热5分钟即死亡，对一般浓度的常用消毒药液均较敏感。在自然界中有较强的生命力，如在鸭粪和鸭舍中能存活6～7个月，在鸭绒毛上可存活5年，在土壤中可存活9～10个月，在池塘中可存活4个月，在蛋壳上孵化器里可存活

3～4 周。

2. 流行病学 在自然条件下，雏鸭易感，3 周龄之内的雏鸭更易感，3 月龄以上的鸭很少发生。病鸭和带菌鸭是主要的传染源，其他动物如鼠类沙门氏菌病也是一种重要的传染病。被细菌污染的场地、饲料、饮水、饲养工具及往来人员等，都可能是传播本病的途径。据有关资料报道，在鸭饲料中，特别是在鱼粉、肉粉中曾检验出沙门氏菌，育雏阶段，雏鸭吃入这种饲料，很容易发病。被细菌污染的种鸭蛋，在贮存或孵化过程中，温度和湿度适宜，蛋壳表面上的细菌乘机钻入蛋内，可使孵化率降低，孵出的雏鸭带菌，弱雏增加，很易造成大量雏鸭发病死亡。这是一种经卵传播的途径。孵化器很容易被病雏和带菌的鸭绒毛污染，进而污染孵化室的空气和人员、物品等。易感雏鸭可以经空气感染，也可以与人员、物品接触而感染，从而造成本病的发生和流行。

3. 症状 本病可分为急性、慢性和隐性 3 种类型。潜伏期一般 10～20 小时，少数病例潜伏期较长。

(1)急性型 经常发生在 3 周龄以内的雏鸭。1 日龄雏鸭感染后，体质软弱，绒毛松乱，两翅下垂，缩颈呆立，腹泻腥臭，泄殖口周围绒毛有尿酸盐黏附，腹部常见膨大，触诊较硬，卵黄吸收不全，脐部红肿。病程 1～3 天，常因急性败血症死亡，有些雏鸭因瘦弱脱水而死亡。2～3 周龄的雏鸭感染后，表现精神萎靡，不思饮食，呆立一旁，不愿活动，两翅下垂，两眼流泪或有黏性分泌物。常见腹泻、颤抖和运动失调，最后常因抽搐、角弓反张而死。病程一般 3～5 天。

(2)慢性型 经常发生在 1 月龄左右的雏鸭和中鸭，表现精神不振，食欲降低、粪便细软，严重时腹泻带血，逐渐消瘦，羽毛松乱。也有表现张口喘气等呼吸困难的症状。还有些病鸭出现关节肿胀、跛行等症状。通常死亡率不高，在有其他病原菌继发感染的情况下，可使病情加重，会造成不同程度的死亡。

(3)隐性型　使指成鸭在感染沙门氏菌后，不表现任何临床症状，呈隐性感染状态。这种带菌的成鸭，经常通过粪便排菌污染环境，从而导致本病的传播流行。

4. 病变　刚出壳不久而死亡的雏鸭，大都是卵黄吸收不全，脐部发炎。肠黏膜呈现卡他性或出血性炎症，肝脏稍肿、瘀血。死亡的较大日龄雏鸭，肝脏肿大、充血，表面有黄灰色小点状的坏死灶。此外，亦常见有肝周炎、心包炎、气囊炎，胆囊肿大，囊内积有大量黏稠的胆汁。脾脏也明显肿大，呈斑驳状花纹。小肠后段和直肠肿胀，肠黏膜呈卡他性或出血性炎症。最有特征性的病变是盲肠肿大1～2倍，呈斑驳状花纹，肠内有干酪样团块物质。其他病变还有心包炎、心包积液，心外膜出血。肾脏发白，含有尿酸盐。气囊混浊，常附有黄白色纤维素物质。有时出现肺炎、肺水肿、腹膜炎和卵巢炎等症状。

5. 诊断　根据流行病学、临床症状和病理变化，综合分析，可做出初步诊断。如若确诊，必须进行细菌学检验。本病还应注意与鸭病毒性肝炎和传染性浆膜炎相鉴别。

6. 治疗　采取如下综合性预防措施，会收到良好的效果。

(1)防止蛋壳污染　保持产蛋箱内清洁卫生，经常更换垫草。每天定时捡蛋，做到箱内不存蛋。种蛋每天及时分类、消毒入库。蛋库的温度为12℃，空气相对湿度为75%，要经常消毒，保持蛋库清洁卫生。种蛋入孵前再进行1次消毒。孵化器和孵化室的卫生防疫消毒工作非常重要，要制定相应的制度，闲人免进，做到室内无病毒、无病原菌。

(2)防止雏鸭感染　接运雏鸭用的箱具、车辆要严格消毒。育雏舍在进雏前，对地面、空间和垫草要进行彻底消毒。雏鸭的饲料和饮水中要加入适量抗菌药。消灭鼠类和蚊蝇，防止麻雀等飞鸟进入育雏舍。

(3)加强雏鸭阶段的饲养管理　育雏舍内要铺垫干燥清洁的

褥草，要有足够数量的饮水器和料槽。舍内温度在1周龄内要保持28℃～30℃，以后每增加1周龄舍温下降2℃。雏鸭不要与成鸭或中鸭同栏饲养。冬季注意防寒保暖，夏季要避免舍内进入雨水，防止地面潮湿。

三、常见寄生虫疾病及其他疾病

(一)鸭球虫病

鸭球虫病是一种严重危害养鸭业的寄生虫病。鸭球虫病为急性球虫病，多发生于2～4周龄的雏鸭，发病率为30%～90%，死亡率为20%～70%，耐过的病鸭生长受阻，增重缓慢。

1. 病原 目前国内已发现的致病性球虫主要是毁灭泰泽球虫和菲莱氏温扬球虫。前者有较强的致病力，后者的致病力弱。该两种球虫均寄生于小肠。鸭由于吞食了土壤、饲料、饮水等外界环境中的鸭球虫孢子化卵囊而造成感染。孢子化卵囊在肠道内经裂殖生殖阶段与配子生殖阶段而发育成卵囊。卵囊随粪便排到外界，经孢子生殖阶段而发育成孢子化卵囊，鸭吃到这种孢子化卵囊后方能引起鸭球虫病。

2. 流行特点 鸭球虫与其他禽类的球虫一样，具有明显的宿主特异性，它只能感染鸭，而其他禽类的球虫也不能感染鸭。各种日龄的鸭均有易感性，雏鸭发病严重，死亡率高。鸭球虫病的发生与季节有密切关系。多发生在温度高、湿度大的夏、秋季节。由于饲养方式不同，发病日龄也不同，网上育雏因不接触地面和粪便而不易发生球虫病，常于下网接触地面后4～5天暴发鸭球虫病，如果常年饲养在地面，鸭球虫病的发病日龄则无规律。

3. 症状 急性型在感染后第四天出现精神委顿、缩颈、食欲废绝、渴欲增加、喜卧、排暗红色或巧克力色血便，多在第4～5天死亡。第六天以后，耐过的病鸭逐渐恢复食欲、死亡停止，耐过的病鸭生长缓慢。慢性型一般不显症状，偶见腹泻，成为散播疾病的传染源。

4. 病理变化　毁灭泰泽球虫，主要造成肠道损伤出血，尤以十二指肠到空肠中段最为严重，小肠的黏膜、黏膜下层乃至肌层都可受到虫体的破坏，肠道中经常有带血的或凝乳状渗出物。其他器官无明显变化。菲莱氏温扬球虫，通常只引起回肠黏膜斑点状出血和直肠黏膜的弥漫性出血。

5. 诊断　根据出血性腹泻和以出血性肠炎为主的病变为特征，从病变部位刮取少量黏膜放在载玻片上，加 1～2 滴生理盐水调匀，加盖玻片，用高倍镜检查，有大量的裂殖体和裂殖子，从病鸭粪便中检验出致病性的鸭球虫卵囊，可以确诊。

6. 防治　要注意改善养鸭的环境卫生，保持饲养与饮水设施的清洁卫生。在球虫病流行季节，当雏鸭由网上转为地面饲养时或在地面饲养达 12 日龄的雏鸭，可进行药物预防。氯吡醇：按 50～100 毫克/千克混饲预防。复方敌菌净：200 毫克/千克间断性混饲预防，治疗量加倍，5～7 天为 1 个疗程。呋喃唑酮（痢特灵）以 200 毫克/千克的间断性混饲或饮水预防，治疗量加倍，5～7 天为 1 个疗程。莫能菌素：防治可以 100～125 毫克/千克连续混饲。青霉素：治疗病雏鸭每只每日 5 000～10 000 单位肌内注射或饮水。

（二）鸭　虱

1. 病原　鸭虱是常见的一种体表寄生虫，寄生在鸭的耳朵、头部、颈部、翅羽及其他鸭嘴啄不到的地方。鸭虱的卵成簇地附着在羽毛上，卵经 4～7 天孵化，变为稚虫，稚虫蜕皮变为成虫，鸭虱的寿命达数月，但离开宿主后几日便死亡。

2. 症状　鸭虱食羽毛的同时，刺激神经末梢，使鸭奇痒，用头擦颈，用嘴啄毛，整日烦躁不安，影响鸭的休息；鸭的采食量减低，鸭体消瘦，体重减轻和营养不良，雏鸭生长缓慢，公鸭不健壮，母鸭产蛋量下降。

3. 防治 发现鸭群中患有鸭虱，必须立即进行治疗。可用0.2％敌百虫溶液，0.025％蝇毒磷溶液；溴氰菊酯，杀百畏等药液喷洒患部。同时，对鸭粪、垫草等堆积发酵，进行生物热消毒。

第八章　蛋鸭场经营管理

第一节　蛋鸭场生产前的决策

行情预测对于任何行业的从业者来说都是至关重要的，而对于养殖行业则显得尤为突出。行情预测有利于企业或者养殖户把握商机，规避风险，实现盈利的目标。准确预测行情必须经过科学、准确和全面的市场调查。市场调查对于养鸭企业或养鸭专业户把握市场供需变化，按市场需求组织生产，开发新产品，促进鸭产品销售，提高经营管理水平等都具有重要的作用。同时，通过市场调查，可为饲养时间、品种和规模的确定以及市场销售预测等提供科学依据。科学、全面而深入地市场调查，对于养鸭赚钱具有最直接的作用。未进行市场调查或者市场调查不准确而盲目进行投资、生产或扩大养鸭规模，不但达不到盈利的目的，反而会导致巨大的经济损失。

一、市场调查的作用

市场调查可为确定养鸭方向、规模及经营思路提供依据，是提高经济效益的必要条件。通过市场调查，便于企业对现有营销策略及营销活动的得失提出实事求是的意见和建议；市场调查能够让企业把握消费需求的发展趋势及消费者潜在购买动机，为企业发展提供新契机。市场调查对于企业的营销决策至关重要，如果不经过准确而充分的市场调查，将可能导致经营者出现由于对消费者的购买心理的错误判断而出现市场定位偏离、销售渠道选择错误、不切实际的定价，无法掌握市场变化等情况。

二、市场调查的内容

市场调查贯穿于养鸭生产和销售的始终，一个企业或一个产品从它的产生、成长到发展，整个过程都离不开市场调查。针对养鸭业，市场调查的主要内容包括：

(一)我国养鸭业的现状及居民消费习惯

目前，我国蛋鸭业具有养殖区域广泛、种质资源丰富、养殖数量大的特点。鸭饲养区域主要分布在长江中下游、华东、华北、东南沿海等省(市)。我国成年蛋鸭的存栏量为3亿只，约占我国禽蛋总产量的20%。鸭蛋是我国居民的重要食品，更是南方居民的传统食品。咸鸭蛋、松花蛋、皮蛋、糟蛋等鸭蛋加工产品在我国具有悠久的历史，加工方法和工艺简单，容易操作，能有效保持鸭蛋的风味和营养。我国加工的咸鸭蛋、松花蛋和皮蛋等产品已经出口到美国、东盟、日本、韩国和我国台湾、香港地区。我国是最大的鸭蛋消费国和贸易国。我国年产鸭蛋300万吨左右，人均约2.5千克。鸭蛋年出口量为5万吨左右，年产量和出口量都居世界首位。特别是我国加入世界贸易组织之后，我国蛋鸭生产走上不同层次的适度规模发展。同时，围绕蛋鸭生产的各种服务也渐趋完善。我国蛋鸭产业的发展将迎来新的契机。蛋鸭总体上具有抗病力强、耐粗饲的特点，故鸭蛋是较为安全的绿色食品，同时鸭蛋和鸭肉在中医上是凉性食品，且风味独特，深受人们欢迎。随着西部大开发的进程，蛋鸭饲养地域的扩大也突飞猛进。在今后相当长一个时期内，是我国蛋鸭生产的大发展时期。

(二)销售渠道

销售渠道调查主要包括以下几个方面：

1. 及时掌握市场需求　通过对国内外市场上鸭及其加工产品的需求情况进行充分的调查，了解影响需求变化的诸多因素，如鸭产品生产、消费习惯、生活水平和人口变化等。调查时，不但要注意现有购买力的需求，还需要调查潜在的市场需求和消费人群。

2. 消费者和消费行为的调查　包括购买对象、购买动机、购买力、购买方式等调查。

3. 销售渠道的调查　包括现有销售渠道是否合适，扩大销售渠道、减少中间环节是否可能，中间商的销售情况分析等。

目前常见的销售渠道有：

(1)农贸市场零售　销售数量相对有限，且销售时间长，从规模经营的角度看，该销售方式存在鸭舍利用率不高，资金周转期比较长等缺点。

(2)鸭产品(包括淘汰蛋鸭及鸭蛋)经纪人上门收购　可有效提高固定资产利用率，加快资金周转，可产生规模效益。一般经纪人收购价较市场价略低一点，但考虑到运输损耗及成本的因素，还是可以接受的。

(3)大型加工企业收购　可以建立长期的合作关系，签订相应合同，双方利益均能得到有效保护，这是一个较好的销售形式，能达到养蛋鸭盈利的目的。

(三)价格行情

价格行情调查包括本企业产品定价是否适宜，产品价格的变化趋势，产品供求关系及需求弹性，价格变动对销售量的影响，价格对竞争的影响等。在国内市场上，鸭蛋的价格比鸡蛋的价格高20%左右。近几年，随着我国市场经济的不断发展和人们生活水平的不断提高，我国养鸭业呈现出了持续发展的态势。

(四)现有生产情况

调查拟投入产品的生产现状，重点调查本地区及邻近地区本产品的种源情况、生产规模、饲养管理水平、鸭蛋的供应能力及其变化趋势，以及本地区及邻近地区是否有大型鸭蛋产品加工企业等。

三、市场调查的步骤和方法

养鸭企业或养鸭专业户在开始养鸭前，都必须进行充分的市场调查，获得与养鸭生产和销售有关的大量信息，形成一个较为全面科学的调查结论。

（一）市场调查的对象

市场调查分为投资前的市场调查和生产过程中的市场调查，但调查的对象基本是一致的，主要有大型养鸭企业的管理者、技术人员、销售人员、消费者、产品营销人员或经纪人、鸭蛋产品加工企业等。由于这些调查对象对鸭产品的生产和销售具有较为丰富的实践经验和值得总结的教训，他们对市场有着较为深刻的理解，调查者能从中得到最为广泛、最为客观、最有价值的信息，对调查工作可起到事半功倍的效果。

（二）市场调查的步骤

为了使市场调查有目的、有计划、有组织地进行，市场调查必须遵循一定的步骤。

1. 确定调查目标 进行市场调查，首先要确定调查目标，明确进行调查所要解决的问题。

2. 制定调查方案 目标确定后，就应制定调查方案。调查方案是对某项调查本身的设计，包括调查的目的要求、调查的具体对象、调查的内容提纲和调查表格、调查的范围、调查资料的收集方式等，它是指导调查实施的依据。调查计划是指对某项调查的人员配备、调查进度和完成期限、费用预算等的预先安排，目的是使调查工作有计划、有秩序地进行，保证调查方案的实现。

3. 实际调查 实际调查的效果直接取决于调查人员的素质，因此，要加强对调查人员的培训，使之明确调查方案和掌握调查技术。在实际调查中，调查人员应根据调查方案，通过各种途径，尽可能收集现有资料，同时还必须深入实际收集第一手资料。

市场调查的结果不仅仅表现为估算值，代表市场状况的可能情况，而且由于市场调查方法不同，将会有不同结论。故执行市场调查之前，必须拟定正确的市场调查计划，调查之中避免误差，慎做调查结论，方能产生全面、正确的市场调查结果。

（三）市场调查的方法

选择正确地市场调查方法，才能获得良好的调查结论。市场调查的方法主要有以下几种：

1. 询问调查法 询问调查是根据拟定的调查事项，通过面谈、电话、书信、电子邮件等方式向被调查者了解情况、收集资料的调查方法。这是最常用的调查方式。

2. 观察调查法 观察调查是由调查人员到调查现场进行直接观察，取得第一手资料的方法。这种方法的特点是，调查人员与被调查人员不发生接触，而由调查人员直接地或借助仪器把被调查者的活动按实际情况记录下来。其优点是，被调查者的活动不受外在因素影响，因而取得的资料比较真实可靠。其缺点是，不能了解被调查者内在因素的变化，如消费心理的变化、购买动机等，且花费的资金多、时间长。

3. 实验调查法 实验调查是通过在小范围内进行小批量的实验性销售和试用等方式，从购买对象和试用者的反映上，收集产品品种、规格、质量、价格、包装等方面信息的一种调查方法。

小规模养鸭企业或专业户常用的调查法是询问调查法和观察调查法两种，通过他们耳闻目睹所获得的有价值的信息，进行分析、判断，最后得出自己认为可以相信的结论，从而决定其下一步的行动。

总之，市场调查工作对企业来说是非常重要而又容易被忽视的工作。市场调查工作关系到企业的兴衰存亡，越来越多的企业真正认识到市场调查工作的重要性，认识到市场调查工作是企业的法宝，是企业的生命线，真正重视市场调查工作，科学地、系统地进行市场调查工作，在激烈的市场竞争中不断取得成功。

四、市场预测与规模的确定

（一）市场预测的内容

市场预测的内容比较广泛，凡是能够引起市场变化的因素都是预测的内容，都包括在内。但预测不能盲目进行，必须有一定的重点和针对性。

1. 市场需求预测　市场需求预测是通过对鸭产品在市场上的销售状况和影响需求的各种因素进行分析与判断，以预测市场的需求量与发展变化趋势。它包括两个方面的内容：一是预测市场对本企业产品的品种、规格、质量、包装等的需求量与要求，这是市场预测的重点；二是对影响市场需求量的因素进行分析与判断。通常，影响市场需求量的因素有两类：一类是市场环境，如政府政策、经济发展状况、家庭收入、竞争情况等，这是企业本身不能控制的因素；另一类是促销，如广告、推销、展销、服务等，这是企业本身能够加以控制的因素。

2. 资源预测　资源供应直接关系到产品的生产，进行资源预测就是要对原材料、能源供应的保证程度及其价格变化情况，对资源的综合利用和发展趋势，对劳动力的来源及分配情况等进行预测。对市场相关产品情况进行预测，如猪肉、鸡肉、水产品等相关产品的产量和价格都会影响鸭产品的价格。如其他产品价格高，则鸭蛋、淘汰鸭价格会相应抬升，消费量会增加。

3. 技术发展预测　技术发展对产品发展具有决定性的影响。它不但能为市场提供各种新产品、新材料，从而影响老产品的市场销路，而且还能发展老产品的新用途，提高老产品的市场竞争能力。技术发展预测主要是对本行业现有该产品的技术水平和发展趋势，新产品发展趋势及本企业发展新产品的方向，新材料、新技术、新工艺的发展趋势及实现的可能性进行预测。

4. 预测国内外经济形势和国家有关政策对养鸭市场的影响　市场的购买力与国内以及国际经济形势密切相关，经济发展速度越快，市场需求越旺盛。国家对农业的重视程度，在不同时期，都会由于政策不同而形成不同的市场购买力。

5. 预测本地区养鸭的数量、规模及分布等的变化情况　社会饲养量和上一年相比，如果规模明显增大，鸭产品价格就会下跌。整个社会饲养规模的变化可根据有关政府部门的统计和社会调查得知。

6. 预测消费者消费习惯的变化　随着人们生活水平的提高，消费观念也在发生变化。现在随着生活质量的提高，消费理念、消费结构都发生了质的变化，双黄蛋、绿壳鸭蛋成为消费者新宠，这都是消费习惯的变化。

(二)养鸭规模的确定

1. 我国禽蛋产品消费结构现状　在我国居民的蛋类消费中，鸡蛋的比例较高，鸭蛋的比例偏低。随着我国城乡居民人均收入水平的提高，饮食结构发生了很大的变化，动物性食品消费需求越来越大。根据国民营养消费普查结果，我国禽蛋总消费量在增加，消费增长率呈现上升趋势，我国已成为禽蛋及其制品的消费大国。

2. 经营方向　经营方向就是鸭场是从事单一性饲养还是综

合性饲养。单一性饲养是指鸭场仅养蛋鸭或肉用鸭，生产的产品即是鸭蛋或商品鸭；综合性饲养是指既养蛋鸭又养商品鸭。单一性饲养生产便于管理，经营单一，但在遇到行情不佳时，经济效益可能受到影响；综合性饲养则可能在一定程度上有个补充，所谓“东方不亮西方亮”说的就是这个道理，但投入的资金相对较多，对管理的要求较高。究竟选择怎样的经营方向，要根据自身投资能力和管理水平而确定，一般养鸭户采用单一性经营的方式比较多。

3. 生产规模的确定 生产规模也就是一次或一批饲养鸭子的数量。确定规模的主要依据有：市场需求情况、投资者的投资能力、饲养条件、技术力量、苗鸭来源、饲料供应情况、交通运输及水电和燃料供应保障情况、管理水平等。生产规模的大小决定了生产效益和风险的大小，规模越大，效益和风险也越大；反之，则越小。对于一般专业户来说，需要提倡适度规模。规模越大投入的资金过多，承担的风险就大，一旦遇到行情差或疫病等因素，可能会导致损失过大而遭受巨大打击，从此一蹶不振。但规模过小，又可能无法见到养殖效益，即使在行情非常好的情况下，也无法累积足够的资金扩大再生产。另外，对于初次从事养鸭生产的养殖者来说，起初规模不宜过大，应先积累一定的饲养经验，并对市场有所了解后再扩大规模。

建议，养蛋鸭的规模每批在500～2 000只。要根据当地的销售情况及自身的能力确定。

随着经济全球化步伐的加快，我国鸭产品将大面积参与国际市场竞争，养鸭业既面临良好的发展机遇，也面临前所未有的挑战。近几年禽流感对家禽业造成了强大的冲击力，针对这一状况，养鸭户应结合实际鸭产品消费市场需求，认真考虑分析，以满足供应为主，保证正常出栏，补苗时根据市场行情变化及时做出调整，且不可盲目跟风，造成经济上的损失。

第二节　蛋鸭生产风险及其抵御

一、如何规避蛋鸭养殖过程中的各种风险

(一)选择适宜品种

优良的品种,其生产性能的遗传潜力较高,生长速度快,抗病力强,对饲料的利用率高。因此,必须选择质优价廉、适合本地市场消费的品种。购买鸭苗时,要从具有国家认定育种资质、信誉良好的场家引种,并索要检疫证明,从源头控制疫病,规避风险。

目前,我国饲养的蛋鸭品种大部分为地方品种,以绍兴鸭、金定鸭、山麻鸭及绍兴鸭的配套系为主,开产日龄在105～125天,年产蛋数均在260个以上,最高可达到320个以上,产蛋期产蛋重在20～23千克,料蛋比在2.7～3.2∶1。

(二)合理建设圈舍

科学、合理地选择鸭养殖场,必须综合考虑到水(供排)、电、路、通信、光热、风向、粪污处理等。根据《中华人民共和国畜牧法》规定,城镇周围3千米范围内、水源上方禁止建立养殖场。城镇、工厂的下风向也不宜建养殖场。因为城镇人居环境产生的病菌、污水污物和工厂废气将会影响家禽的正常生长。便利的交通,正常的供排水、供电、通信,是保持养殖场正常生产的必要条件。

鸭舍的建设在考虑到养殖场大环境的同时,也要充分考虑鸭舍综合设置。除正常的水、电、路有保障外,要重点考虑鸭舍的保温和通风设施,鸭舍应该背风向阳、通风透光。每栋鸭舍最少要间隔6米以上,中间有过道、绿化树隔断,鸭舍与鸭舍间统一供水供电,独立排水排污、互不污染。鸭舍的建设要便于夏天散热、冬天

保温，在饲养期间要利于通风透光。

（三）加强饲养管理

1. 饲料优质 要选择生产规模相对较大、技术先进、能够保证质量的厂家生产的适合不同阶段鸭生长的全价饲料。每当选择到一个好的饲料产品后，同一批鸭在饲养过程中不要轻易更换。按不同的生长阶段供给全价饲料。以少吃多餐、少量勤添为主，脱温期间每天加料 6 次，脱温以后每天不少于 4 次

2. 温度适宜 蛋鸭的适宜生长温度一般在 12℃～24℃。在此温度范围内可有效地利用饲料。因此，要尽量创造条件，如冬季搭棚圈养，夏季搭棚遮阴等，以保温和降温来提高饲料报酬。

3. 光照充足 养鸭场一般采用挂灯的办法补充光照。寒冷季节由于自然光照时间缩短，使得蛋鸭脑下垂体分泌的促性腺激素减少，造成产蛋下降。因此，必须补充人工光照，使每天光照时间保持在 16～17 小时。可在傍晚和早晨加大光照亮度，鸭棚内每 20 米^2 面积用 1 盏 40 瓦灯泡；深夜时，用 15 瓦灯泡代替照明，给鸭群一种朦胧光照的感觉，刺激蛋鸭的性腺活动，促进卵巢发育。

4. 饮水清洁、湿度稳定 各阶段要供给充足的饮用水，饮用水最好以清洁、卫生的井水为好，自来水次之。雏鸭从空气相对湿度 70%的出雏机孵出，转入干燥的育雏舍，水分散失严重，容易造成脱水。因此，育雏 10 天内必须保持舍内空气相对湿度 60%～65%，可用增加饮水桶、烧水、喷雾、加湿器等方式加湿。为防鸭群挤压，结合挂灯，合理安排饮水桶。一般按每 100 只鸭配 1 只饮水桶（大、中鸭按 50∶1 配置）。10 天后可不用人为增加湿度。

5. 空气新鲜 建设圈舍时。要充分考虑鸭舍的通风。在脱温期间，要随时检查加温设备是否给脱温室带来有毒有害气体，如果用煤炉加温的，要经常检查管道、排烟孔有否漏气。饲养过程中，根据日龄调节通风口大小或排气扇转速，保证舍内空气新鲜，

减少鸭群呼吸道疾病。

6. 定期消毒 鸭的饲养场地消毒要在进鸭前进行。消毒前，反复清扫场地，全场用4%氢氧化钠彻底消毒，并用高锰酸钾、福尔马林熏蒸消毒，消毒3次以后通风，等待雏鸭进场。常用消毒药物的使用方法：火碱2%～3%用于环境、空舍、地面、墙壁、污水、污物、垫料消毒。漂白粉5%用于饮水消毒，过氧乙酸0.5%用于环境、鸭舍的喷雾消毒，福尔马林熏蒸消毒，高锰酸钾0.1%饮水消毒。

7. 强化技术 规模养殖场的饲养员应该具备一定专业知识，掌握一定的蛋鸭养殖规程和技能，养好蛋鸭，降低养殖风险。

(四)根据标准的防疫规程，认真搞好预防免疫接种工作

在农村小规模养殖场，要避免“不免”、“乱免”、道听途说，想起什么免什么，减少免疫的随意性，要按科学的规程，按步骤做好免疫工作。使用的各种疫苗最好从当地畜牧兽医部门订购。

(五)适时出栏、获取高额效益

农村一些养鸭户饲养蛋鸭，一般要养上三四年，有的甚至一直养到自然老死，舍不得淘汰。岂不知产蛋鸭群进入产蛋后期后，休产鸭、低产鸭和病残鸭逐渐增多，另外蛋鸭在饲养过程中，由于饲养和个体差异等因素，常有10%～20%的鸭产蛋少或不产蛋。久养这些蛋鸭，不仅每天要消耗150克左右的饲料，且产蛋很少，或不产蛋，甚至病鸭会传播疾病，使整个鸭群经济效益降低。在产蛋期间应少量多次淘汰低产鸭和病残鸭，以便提高产蛋率，降低饲养成本。

鸭从出壳到120日龄左右开产，第一个产蛋年的产蛋率最高，圈养鸭年产蛋重量可达20千克，第二年一般要下降5%～10%，第三年下降更多。在第一个生产年过后，就要根据鸭的产蛋情况进行选择性淘汰，去除低产鸭，保留高产鸭。但对当年春季培育的

新鸭群，即使产蛋率低，也不宜淘汰，因为它们可能会因自然环境的原因只产 2 个月的蛋，翌年若加强管理，产蛋率可以大幅度回升。当蛋鸭养到 500～600 日龄时，老鸭的活动能力差，放牧觅食困难，对气候变化的适应性差，饲料消耗大。同样产 1 千克蛋，老鸭要比新鸭多耗 20%左右的饲料。那就要根据市场上鸭蛋和饲料的价格来判断老鸭是否有必要保留。若鸭蛋的销售收入大于老鸭的饲养成本，整个鸭群仍可饲养。否则，所有的老鸭都应淘汰。另外，饲养年限超过 3 年以上的鸭群要及时淘汰。在淘汰低产鸭和休产鸭时，也应淘汰一些公鸭，以保证产蛋鸭群的正常公母配比，剩下的产蛋鸭群在原围栏内所占面积、料槽位置、环境卫生都有所改善，从而提高后期产蛋鸭的饲养管理水平。淘汰后，鸭群产蛋总量虽略有减少，但产蛋率、合格率将上升。低产鸭和休产鸭的采食量一般为正常产蛋鸭的 75%～90%。淘汰后每天每鸭可节约饲料 150～180 克，可大大提高产蛋鸭后期的经济效益。

（六）合理治污、保护生态环境

目前，生态养鸭技术的应用，是有效解决养鸭业污染问题的一次技术革命，将使畜牧业显现质的飞越。同时，生态环保养鸭还有六大优点：即节约能源、环境保护、循环经济、改善环境、提高蛋品质、增加效益。首先是搞好生态环保养鸭场区规划设计，对新建生态环保养鸭场，组织技术专家，严格按照生态环保养鸭的技术标准和要求进行规划设计，同时加大对现有传统鸭舍的改造，按照生态环保养鸭舍建设标准进行改造建设；其次根据“减量化、无害化和资源化”原则，采用干湿分离工艺和雨污分离设施，并按照“三同时”，即治污和防疫设施与主体工程同时设计、同时施工、同时使用的要求，种鸭养殖场建设沉淀池和沼气池。目前，在浙江、江苏、湖北等地推广了笼养蛋鸭的新型模式，既保证了鸭舍的环境卫生，减少蛋鸭养殖污染排放，又节约了大量用水。

二、影响蛋鸭饲养效益的因素及措施

从2010年下半年起是我国蛋禽发展的高峰期，禽蛋交易自进入夏季以来价格就不间断上扬，创造了近年来的历史交易价格最新纪录。而鸭蛋的行情也随之水涨船高，市场前景十分看好，越来越多的务农农民选择了养殖蛋鸭来致富，蛋鸭养殖量快速增加。饲养蛋鸭不仅能收获鸭蛋，而且鸭子也能卖出好价钱，饲养蛋鸭成本不高，是致富的好途径。

(一)蛋鸭品种选择

要想蛋鸭高产，良种是关键。一定要选择生产性能好、性情温驯、体型较小，成熟早、生长发育快，耗料少、产蛋多、饲料利用率高，适应性强、抗病力强的蛋鸭品种，如绍兴鸭，金定鸭等。绍兴鸭是我国著名的优良蛋用型麻鸭品种，具有体型小、成熟早、产蛋多、耗料省、抗病力强、适应性广等优点。主要分布于浙江省的绍兴、上虞、萧山、诸暨等地，全国已有20多个省、直辖市、自治区引种饲养。金定鸭是我国优良蛋用型鸭种，具有产蛋量多、蛋型大、蛋壳青色、觅食能力强、饲料转化率高和耐热抗寒等特点，原产福建省龙湾县金定乡及厦门市郊等九龙江下游一带。育雏时要选留那些体重、膘情适中，体型、外貌、毛色符合该品种要求，适时开产的母鸭；对于经产种鸭，要参考以往的产蛋记录，选留产蛋多，蛋重适中，蛋型、壳色正常且无(或弱)抱性的母鸭。

(二)生产环境创建

为蛋鸭提供舒适的生产环境有利于蛋鸭发挥本身优良的生产性能，如温度、密度和光照等都是重要影响因素。

1. 温度　温度可影响蛋鸭的产蛋量、蛋重、蛋壳厚度和饲料利用率。产蛋鸭最适宜的环境温度为5℃～15℃。

2. 饲养密度　一般为7只/米^2。

3. 光照　产蛋期光照的具体做法是：大约18米^{2}装1盏25瓦的灯泡，灯泡高度离地约2米。光照时间从17～19周龄开始逐渐延长，22周龄达到16～17小时，光照时间的延长要等递加，即每天增加15～20分钟。产蛋期光照原则是：只可逐渐延长，直至每昼夜16～17小时，不能缩短；不可忽照忽停、忽早忽晚、忽强忽暗，只许渐强。

（三）加强饲养管理

1. 鸭舍和运动场保持干燥和清洁　改善鸭舍的通风透气性能，防止过分潮湿和氨气含量超标。鸭是水禽，喜欢在水中游泳、觅食、嬉戏，在清洁干燥的环境中休息。由于环境潮湿，尤其是鸭舍潮湿泥泞，极易引起疾病的发生。同时，鸭在夜间休息时，腹部受寒湿侵袭，不仅休息不好，食欲下降，而且还会导致减蛋10%～20%，高的达30%。防制措施：选择地势较高，有一定坡度的场地作鸭场；当舍内潮湿时，可用石灰粉拌沙撒于鸭舍，这样既可消毒又可吸湿；鸭舍地面最好用稻谷壳、稻草、木屑等作垫料，每天加垫1次，将鸭粪盖住，注意在产蛋处垫厚些。

2. 适时放水　每天饲喂后将鸭赶下水洗浴。夏季每天4～5次，也可自由放水，夜间鸭群吵闹不安时仍需放水1次，每次20分钟；冬天每天上午10时，下午2～3时各放水1次，每次5分钟。放水后，冬季让鸭晒太阳，夏季让鸭在阴凉处休息，切忌暴晒。

3. 设置槽位　产蛋期的鸭群采食量很大，每只鸭应占有2～3厘米的料槽位置和2.0～2.5厘米的水槽位置，水应清洁而且是长流水，早晨先饮水后喂料，秋末、冬季给饮温水；料应少添勤添，确保料的新鲜；每4～6只鸭设置1个产蛋窝。

（四）科学配料

根据蛋鸭的不同产蛋时期，制定科学合理的饲料配方，满足产蛋期的营养需要，避免大幅度地调整饲料品种或降低营养水平，杜绝饲喂霉变或劣质饲料；蛋鸭饲料以谷物为主，占 50%～60%，适当加入 10%～20%的饼类，鱼粉 10%～15%，贝壳粉 1%，以及食盐、多种维生素和添加剂。鱼粉用量可根据产蛋率高低适当增减。产蛋期参考配方：玉米 45%、米糠 20%、麦麸 6%、豆饼 10%、鱼粉 10%、菜籽饼 6%、贝壳粉 1%、骨粉 1%、食盐 0.5%、禽用多种维生素 0.5%，有条件的亦可用商品蛋鸭料。

(五)加强饲喂

饲料粉碎配制后加水拌匀、以手捏成团松手即散为度，一般每昼夜饲喂 4 次，即早晨 5 时、上午 10 时、下午 3 时、晚上 9～10 时各投喂 1 次，最后 1 次应增加喂料，让鸭吃饱。每只鸭日喂量 125～150 克。休产期的鸭群日喂 2 次即可。

(六)防止应激、惊吓

平日要加强饲养管理，保持环境安静，非饲养人员不要随意进入舍内，特别注意防止犬、猫等动物窜入，以免鸭群受惊应激。受惊吓的鸭，产蛋量会下降 10%～20%，有时产软壳蛋。因此，在蛋鸭的产蛋期，即使应激强度不大，持续或间断反复引起的轻微反应，也会由于机体不断地做出适应的努力，形成不良累积效应，致使其生产性能下降，防卫功能减弱，容易继发感染，引起各种疾病的发生。产蛋鸭表现为采食量和产蛋率下降，脱羽换毛，以及出现消化系统和呼吸系统等疾病症状。此时，如果不采取有效措施，就会导致产蛋率不断下降，甚至出现鸭只死亡。

(七)加强疫病防治

蛋鸭要按照合理的免疫程序，适时进行免疫接种，以增强鸭体的特异性免疫力，有效地预防传染病的发生。各种疫(菌)苗的保存及免疫接种方法，都必须严格按照使用说明书进行。避免在鸭舍内追逐捕捉病鸭，尽量避免对全群鸭的注射治疗，免疫接种应在开产前完成。

（八）强制换羽

夏末至秋初蛋鸭停产换羽，此时应采取人工强制换羽。方法：换羽前2天停食停水，第3～5天给水停食，第六天起喂正常料量的一半且供水，第七天恢复正常，以促使换羽快而整齐，使蛋鸭统一开产。

（九）及时选优去劣

当蛋鸭的第一个生产年过后，就要观察鸭的产蛋情况进行选择性淘汰，去除低产鸭，保留高产鸭。淘汰低产老鸭最可靠的办法是对那些初步鉴定为低产的鸭，再连续进行"摸蛋"，即用手指顶触蛋鸭的泄殖腔产道口，触摸是否有蛋。比如摸100只鸭有10只不产蛋，可将它们隔离，到第2～3天再摸，如果摸了3～4次都不产蛋，那就可以放心淘汰了。当蛋鸭养到500～600日龄，就要根据市场上鸭蛋和饲料的价格判断老鸭是否有必要保留。若鸭蛋的销售收入大于老鸭的成本开支，整个鸭群仍可饲养。否则，即表明这批鸭已无利可图，所有的老鸭都应淘汰。

三、降低生产成本的途径与方法

（一）节约饲料成本

鸭子是需要较多饲料的养殖禽类。饲料成本往往要占饲养总成本的80%左右。因此，节约饲料是降低蛋鸭饲养成本，提高经济效益的一项关键措施。现介绍几种饲养蛋鸭节省饲料的方法。

1. 选用良种　选择品种优良的小型蛋鸭，其生产性能的遗传潜力较高，体型小，产蛋多，饲料消耗少，饲料转化率高。同样的日龄，消耗同样多的饲料，其产蛋量比其他品种的蛋鸭要多得多。

2. 控制温度 蛋鸭的适宜产蛋温度一般在12℃～20℃之间，在此温度范围内可有效地利用饲料。因此，要千方百计地创造条件，如采取冬季温棚饲养，以保温来提高饲料报酬。

3. 平衡日粮 蛋鸭饲料中的蛋白质和能量比例要平衡，饲料中能值要适当；能值过高时，饲料消耗增加，会造成某些营养成分的浪费。

4. 饲料新鲜 一是原料要新鲜。二是饲料配好后要存放在通风、干燥的地方，与地面之间要放置一层防潮材料。配合料要尽快用完，做到勤配勤喂，防止板结、霉变。霉变饲料容易引起蛋鸭中毒、腹泻等，从而降低产蛋量。

5. 及时淘汰老鸭 就要根据市场上鸭蛋和饲料的价格来确定老鸭是否有必要保留。若鸭蛋的销售收入大于老鸭的饲养成本，则整个鸭群仍可饲养；否则，则表明饲养这批鸭群已无利可图，所有老鸭都应淘汰。

（二）节约用药成本

蛋鸭养殖过程中用药不当，会增加饲养成本，要降低养鸭医药费开支，可注意以下几点：

①加强饲养管理，搞好卫生、隔离和消毒工作，尽量减少鸭发病的机会，是降低养鸭医药开支的根本出路。

②应在专业技术人员的指导下，有针对性地给药，避免因药不对症或剂量不当，造成浪费或引起中毒。

③分清预防性投药和治疗性投药的区别。许多养鸭户预防性投药也使用或超量使用治疗量，结果不但加大了药费开支，还常常造成鸭中毒。

④要选择廉价、高效的药物。有些价格较贵而效果又很好的药物可用于小鸭，但用于大鸭时很不划算。

⑤不要因全群中有几只鸭发病就作为全群用药的依据，能隔离治疗就不要全群用药。同时，疫苗接种要按免疫计划执行。

⑥用一种药物能治疗的病尽量不同时用两种药物，乱用药物常因配伍不当、剂量不足或过大而事倍功半，人为地增大了药费开支。

第三节　蛋鸭场的日常管理

一、鸭群养殖计划的制定

从事蛋鸭生产，有了生产前的正确决策，还需要有生产中的精心组织与管理，通过管理使生产上水平；生产水平提高了，蛋鸭养殖的经济效益才会有保障。生产中要根据饲养规模、生产方式、饲养密度等配置合理的饲养面积和设备，最大限度地提高房舍、设备的利用效率。例如，蛋鸭生产区可采用育雏育成和产蛋两段分舍饲养的方案，加快鸭群的周转；综合性饲养场安排生产计划时，从全年均衡生产要求出发，使设备、房舍充分利用，要考虑好蛋鸭生产、种鸭饲养和孵化场之间的合理配合。配置孵化设备时，要考虑到种蛋在孵化机中孵化的时间相对较长，在出雏机中孵化的时间较短，孵化机和出雏机的比例一般按 3～4∶1 配置。在考虑生产计划周转安排的同时，也要将劳动力做适当合理的安排。

规模化蛋鸭饲养场必须在有计划的指导下进行生产。生产计划应根据鸭场的性质、经营方向、生产规模、生产任务及销售预测情况合理制定。制定出的计划既要认真执行，又要根据客观情况的变化而调整，要最大限度地调动人力、物力和财力来实现预定的计划，以获取最大的经济效益。

(一)年度总生产计划

它是指鸭场一年内所实现的商品总量。蛋鸭场主要是指蛋鸭生产的总产量计划，一年养多少批蛋鸭及全年饲养蛋鸭的总数。

(二)年度单产计划

它是指养鸭的“单位”产量。对于商品蛋鸭来说，指每批蛋鸭的开产日龄、产蛋率、高峰期维持时间、产蛋量及料蛋比；对种鸭场主要包括种鸭的开产日龄、产蛋率、产蛋周期及种蛋的受精率、出雏率和健雏率。

(三)鸭群周转计划

必须根据养殖场的生产流程制定。一个综合性蛋鸭饲养场的生产流程是：

种鸭→孵化→育雏→育成→产蛋→淘汰(出售)

这项计划要根据该场全年和各月所需要产品的计划数量及场内的鸭舍和设备，确定年初、年终及各月种鸭及蛋鸭的饲养只数，同时还要确定全年鸭的淘汰与补充数量，计划出蛋鸭的饲养批数和饲养数量，最后形成全场的鸭群周转计划表。有了高度严密的周转计划，就可以此来调节全场各生产环节及本场与外场的关系，充分发挥现有鸭舍、设备和人力的作用，使蛋鸭生产有条不紊地进行。

(四)饲料供应计划

饲料是鸭生产的物质基础，必须根据养鸭场的经营规模来确定各类饲料日常用量来妥善安排。如果是本场自配自用，则应根据使用的饲料配方算出各种原料的数量，按总需要量有计划地分批购入，存留备用。也可按本场的饲料需要量和需要时间，向附近的饲料公司订购鸭场各阶段所需要的配合饲料，力争使全年饲料落实到实处，并保证场内有0.5～1个月的储备饲料。

（五）产品销售计划

为保证各类产品的畅销，需要做好市场调查工作，结合本场生产能力，制定月、季、年度的销售计划。不了解行情，盲目生产，常常会发生供过于求的情况。要深入了解消费者的消费心理和消费习惯，掌握市场行情变化的规律性，以此来安排生产和销售计划。

（六）利润计划

鸭场的利润计划受到多种因素的制约，如生产经营水平、饲养规模、饲料价格、市场价格等多方面调控。经济核算首先必须进行成本核算，也就是投入多少。鸭场的利润是指销售收入减去生产成本、销售费用、税金所剩余的部分。

二、鸭群生产性能统计

鸭群生产性能指标主要包括开产日龄、开产体重、产蛋率、料蛋比、成活率、孵化性能等。

（一）体　重

1. 活重　指每天喂料前，蛋鸭的体重。

2. 日增重　日增重是指饲养过程中的商品蛋鸭每日增加的重量。

（二）料蛋比

指饲养的蛋鸭每产1千克鸭蛋所消耗的饲料量，它是评价饲料报酬的一个重要指标，也是编制生产计划和财务计划的重要依据。料蛋比高说明用的饲料多，但所产的蛋越少；反之，料蛋比低说明用的饲料少，但产的蛋越多。计算公式如下：

$$料蛋比=\frac{消耗饲料总量(千克)}{产蛋总量(千克)}$$

(三)开产日龄

个体的开产日龄是蛋鸭产第一个蛋时的日龄；群体开产日龄是指全群产蛋率达50%时的日龄。

(四)成活率

所谓成活率，就是蛋鸭养殖中，成活数除以总数，再乘以百分之百，得出的百分数(百分比)。

(五)种蛋合格率

种蛋合格率是指种鸭在规定产蛋期内，所产符合本品种、品系要求的种蛋数与产蛋总数的百分比。

(六)种蛋受精率

是指受精蛋占入孵蛋的百分比，血圈、血线蛋按受精蛋计算，散黄蛋按无精蛋计算。

(七)孵化率

又称出雏率，有两种计算方法，一种是受精蛋孵化率，指出雏数占受精蛋数百分比；另一种是入孵蛋孵化率，指出雏数占入孵蛋数的百分比。

三、生产经营计划的编制

(一)产量计划

计划经济条件下传统产量计划，是依据鸭群周转计划而制定。而市场经济条件下必须反过来计算，以销定产，以产量计划倒推鸭群周转计划。根据鸭场不同，产品产量计划可细分为蛋鸭饲养量计划，种蛋及孵化计划和育雏计划等。

1. 蛋鸭饲养量计划 比较简单，只要在销售计划量的基础上加上适当的机动量，即为计划总产量，并将此计划总产量对应分解到每月、每日的饲养量即可。

2. 种蛋及孵化计划 是根据本场自养和销售雏鸭的计划，结合当年饲养品种的生产水平和孵化设备及技术条件等情况，并参照历年孵化成绩来制定。其内容包括全年种蛋产量、种蛋合格率、受精率、孵化批次、品种、入孵日期、孵化量、孵化率、健雏率等。例如，1 个情况正常的 35 周龄的种鸭群，估计它的受精率为 94%、受精蛋孵化率为 88%、健雏率为 97%，100 个种蛋可提供的母雏是 40 只，如要计划孵出 1 000 只母雏，应有 2 500 个种蛋。上述考虑是在一切都正常情况下的假设，实际生产中如鸭龄可能有 50 多周龄，受精率、孵化率及健雏率都要随鸭龄增长而下降，所以一般计划是每 100 个种蛋孵出可售母雏 35～40 只；可根据各个鸭场的实际情况及个人的经验做出种蛋来源计划。对入孵工作也要有计划安排，即什么日期入孵、入孵数量多少、入在哪几台机器中、什么日期照蛋、什么日期移蛋、出雏、预计出雏（母雏）数量和日期等。虽然理论上鸭的孵化期是 28 天，但在入孵计划中，由于涉及到种蛋的预热及出雏后期的处理工作，一般每个孵化期应有 28～29 天。

3. 育雏计划 包括批次、育雏日期、品种、育雏只数、转群日期、育雏天数、成活数及成活率等内容。

（二）鸭群周转计划

鸭群周转计划是制定饲料计划、劳动用工计划、资金使用计划、生产资料及设备利用计划的依据。鸭群周转计划必须根据产量计划的需要来制定。编制鸭群周转计划应考虑的几个主要因素：

1. 生产流程 种蛋产出后立即消毒，贮存期不超过 1 周，孵化出雏 28 天，育雏 56 天转至青年鸭舍，100～110 日龄转至产蛋鸭舍，18～72 周龄为产蛋期。

2. 各种鸭舍比例　按照现代养鸭生产流程，一般种鸭舍饲养期 18～72 周龄，加清洗消毒空闲 18 天，1 个生产周期 403 天。青年鸭舍饲养期为 5～17 周龄，加上清洗消毒空闲 11 天，1 个生产周期 102 天，在假定各种鸭舍容鸭数量相同的条件下，这样 1 栋青年鸭舍可供应 3.95 栋（403÷102＝3.95）种鸭舍的需要；育雏舍为 0～28 日龄、清洗消毒 19 天，1 个生产周期为 47 天；同理，1 栋育雏舍可满足 8.57 栋蛋鸭舍需要（403÷47＝8.57）。从上述不同鸭舍饲养期推算 1 栋育雏舍、2 栋青年鸭舍、8 栋蛋鸭舍配套，周转起来鸭舍利用率最高，使用最为合理。

3. 鸭群流水作业　各类鸭舍比例一旦确定，它们之间就应一环扣一环地全进全出流水作业式进行。如果某一环节周转失灵，就会打乱全场生产程序。为防止雏鸭死亡率高而影响产蛋母鸭的及时更新，一般育雏量都要适当加大。管理较好的鸭场可按下列公式计算。

入舍母鸭（只）＝进雏鸭数×育雏率 96％×青年鸭育成率 97％×99％（转群时淘汰 1％）

鸭群周转计划的制定应依据上述生产流程、鸭舍等设施设备条件、生产技术指标要求，并以最大限度地提高设施设备利用率和生产技术水平，获得最佳经济效益为目标进行编制。首先要确定鸭场年初、年终及各月各类鸭的饲养只数，并计算出“全年平均饲养只数”和“全年饲养日只数”。其次要确定全年鸭群淘汰、补充的数量，并根据生产指标（如各月的产蛋率），确定各月淘汰率和数量。具体推算程序为：根据全年产品产量分月计划，倒推相应的产蛋（种）鸭饲养计划，有了产蛋鸭饲养计划再依次推算青年鸭及育雏鸭饲养计划和引种计划，从而完成周转计划的编制。

第四节　蛋鸭场经济效益分析

一、蛋鸭养殖的利润分析

(一)成本核算

成本是衡量生产活动最重要的经济尺度。产品成本是在一定条件下,生产过程中投入的各种资源(饲料、种鸭、房舍设备、药物、人力等)所体现的综合物资消耗指标,它可以用来衡量生产设备的利用率、劳动组织的合理性、饲养管理技术的实用性和种鸭生产性能的发挥程度等,因而可以直接反映鸭场的经营管理水平。商品生产要求千方百计降低生产成本,因为降低成本是取得高效益的主要基础。

饲料费占总成本的60%～80%。育成鸭摊销费约占总成本的20%。防疫保健费占总成本的2%～5%。固定资产折旧费占成本的2%～4%。另外,还有人工费,水、电、燃料费,生产费,企业管理费,利息分摊等。

由上述可见,在构成生产成本的各项费用中,饲料费所占比例最高,育成鸭摊销费次之,生产中这两项成本的节约潜力最大,应该科学筹划,仔细核算,尽可能减少其费用额。其他如防疫保健消费、水电燃料费、人工费用等所占比例较少,不过差异幅度较大,只要精打细算,也有潜力可挖。生产实践中,若能显著降低饲料以外的其他费用,从而提高饲料费之比例(非增加饲料费金额),即可降低总成本。同时,在不同厂家或不同批次的产品进行横向比较时,饲料费若在禽产品总成本中所占比例较高,则总成本往往较低。另外,通过细致的成本核算,及时通报某些费用的升降变化可及早提醒有关人员调整开支与措施，这样也有利于改善经营效果。

(二)利润分析

1. 鸭场利润组成　鸭场利润指产品收入多于全部支出的部分。鸭场产品分为主产品和副产品。

2. 蛋鸭场利润影响因素　蛋鸭场的利润大小，一是看鸭蛋的销售价格高低，二是淘汰鸭价格和饲料报酬，三是成活率及正品率高低，四是鸭粪收入。

3. 蛋鸭场利润的计算指标

(1)产值利润及产值利润率

$$产值利润=产品产值-产品成本$$

$$产值利润率=产值利润\div产品产值\times100\%$$

(2)销售利润及销售利润率

$$销售利润=销售收入-生产成本-销售费用$$

$$销售利润率=\frac{销售利润}{销售收入}\times100\%$$

(3)营业利润及营业利润率

营业利润＝销售收入－推销费用－推销管理费(包括推销人员工资及差旅费、接待费、广告宣传费等)

$$营业利润率=\frac{营业利润}{销售收入}\times100\%$$

(4)经营利润及经营利用率

$$经营利润=营业利润\pm营业外损益$$

$$经营利润率=\frac{经营利润}{销售收入}\times100\%$$

(5)资金周转率及资金利润率

$$资金周转率(年)=\frac{年销售总额}{年流动资金总额}\times100\%$$

$$资金利润率=资金周转率\times销售利润率$$

$$=\frac{年销售利润率}{年流动资金总额}\times100\%$$

蛋鸭场盈利的最终指标一般以资金利润率为主。

二、举例说明

以某养鸭场每批饲养 3 000 只蛋鸭计算。

打算从事蛋鸭生产的养殖户需要分析蛋鸭饲养效益，了解蛋鸭养殖的投入产出比。以分阶段半开放式饲养方式养殖 3 000 只蛋鸭为例，其养殖效益为：

(一)产出预算

① 3 000 只蛋鸭饲养 1 年，每只母鸭可产蛋 280 个，每个鸭蛋按 0.6 元计算，则总产值为 3000×280×0.6=50.4 万元。

②淘汰蛋鸭按 20 元/只计算，3000×20=6 万元。

合计 56.4 万元。

(二)投资预算

①青年鸭 14 元/只×3000 只=4.2 万元(青年鸭即开产前 100 日龄左右的蛋鸭)。

②饲料成本 150 克/天/只×2.80 元/千克×360 天×3000 只=45.36 万元。

③工资、水电、防疫 2.5 万元。

④鸭棚建设 2.5 万元。

以上各项投入合计 50.36 万元。

(三)纯利润

56.4 万元－50.36 万元＝6.04 万元。

因此，饲养 1 只良种蛋鸭，一般 1 年可获利 20 元以上。

第五节　新办蛋鸭场的申报程序

一、审批内容(审批条件)

《中华人民共和国畜牧法》第三十九条：畜禽养殖场、养殖小区应当具备下列条件：

①有与其饲养规模相适应的生产场所和配套的生产设施；

②有为其服务的畜牧兽医技术人员；

③具备法律、行政法规和国务院畜牧兽医行政主管部门规定的防疫条件；

④有对畜禽粪便、废水和其他固体废弃物进行综合利用的沼气池等设施或者其他无害化处理设施；

⑤具备法律、行政法规规定的其他条件。

二、审批依据(法律、法规规定)

《中华人民共和国畜牧法》第三十九条第二款：养殖场、养殖小区兴办者应当将养殖场、养殖小区的名称、养殖地址、畜禽品种和养殖规模，向养殖场、养殖小区所在地县级人民政府畜牧兽医行政主管部门备案，取得畜禽标识代码。

三、申报材料

①申办养殖场(小区)申请书,内容包括:养殖场(小区)名称、养殖地址、联系电话;养殖畜禽品种、养殖规模;建场面积;

②规模畜禽养殖场(小区)备案申请表;

③农业产业化(畜牧渔业)项目配套设施用地备案申请表;

④污水处理措施;

⑤建场平面图;

⑥用地有效凭证。

四、审批程序、期限

申办畜禽养殖场(小区)单位和个人提出申请→由当地经济社、村委、畜牧兽医站、镇(街)政府加具意见→市发改部门办理立项→属林地的,市林业部门办理林地审批手续→委托具有环评资质单位进行环境影响评价,报环保部门审批→市畜牧兽医主管部门审核→国土部门办理用地备案手续和建设用地审批手续;

在15个工作日内现场审核,符合条件的加具意见,不符合条件的书面通知申请人。

第六节　蛋鸭场产品无公害产地认定和产品认证

无公害产品是畜牧业生产的最终目标。国家鼓励畜禽生产单位和个人申请无公害畜禽产品产地认定和产品认证。国家将根据无公害畜禽产品推行的进展情况,在未来合适时机推出强制性无公害畜禽产品认证制度,以保证我国畜禽产品的整体安全质量。

一、蛋鸭场产品无公害产地认定

申请产地认定的企业或个人应当在产地条件和生产管理上首先达到以下要求：一是产地环境符合无公害畜禽产品产地环境的标准要求，区域范围明确，具有一定的生产规模。产地树立标识牌，标明范围、产品品种和责任人。二是在生产管理中能够达到无公害畜禽产品生产技术规范要求，有专业技术管理人员，有完善的质量管理措施和生产、销售记录。三是严格按照规定使用农业投入产品，禁止使用国家禁止、淘汰的农业投入品。

省级农业行政管理部门根据无公害农产品管理办法的规定负责组织实施本辖区内无公害畜禽产品的认定工作。

（一）申　请

产地认定的申请人向所在的县级农业行政主管部门提交产地认定书面申请。书面申请应包括以下内容：申请人的姓名、地址、电话；产地的区域范围、生产规模；无公害畜禽产品生产计划；产地环境证明；无公害畜禽产品质量控制措施；有关专业技术和管理人员的资质证明材料；保证执行无公害畜禽产品标准和规范的声明；其他有关材料。

（二）初　审

县级农业行政主管部门自收到申请之日起，在10个工作日内完成对申请材料的初审工作。申请材料初审符合要求的，县级农业行政主管部门应当逐级将推荐意见和有关材料上报省级农业行政主管部门。

初审材料不符合要求的，应当书面通知申请人。

（三）复　审

省级农业行政主管部门自收到推荐意见和有关材料之日起，

在10个工作日内完成对有关材料的审核工作。符合要求的，组织有关人员现场检查；不符合要求的，书面通知申请人。

（四）现场检查

省农业行政主管部门组织专人对申请者的产地环境、区域范围、生产规模、质量控制措施、生产计划进行现场检查。现场检查符合要求的，通知申请者委托具有资格、资质的检测机构，对产地环境进行检测；现场检查不符合要求的，书面通知申请人。

（五）环境检测

承担环境检测任务的机构应具有从事环境检测的资格、资质。对产地环境的大气、水质等质量指标进行检测。其中畜禽饮用水需检测：砷、铅、汞、铜、铬、镉、氰化物、六六六、滴滴涕、总大肠杆菌群、pH值等；环境空气质量指标需检测：总悬浮颗粒物、二氧化硫、氮氧化物、氟化物、铅等；畜禽场空气环境检测指标有氨气、硫化氢、二氧化碳、可吸入颗粒物、总悬浮物颗粒、恶臭等。检测机构根据检测结果出具产地环境检测报告。

（六）认　定

省级农业行政主管部门负责对检测报告审查。对申请材料、现场检查和产地环境检测结果符合要求的，在收到报告之日起，30个工作日内颁发无公害畜禽产品产地认定证书，并报农业部和国家认证认可监督管理委员会备案。

对不符合要求的应书面通知申请人，无公害农产品产地认定证书有效期为3年，期满需要继续使用的，应当在有效期满30日前按照上述申请程序重新办理。

所有申报材料及审查报告应该有统一格式。产地认定的申请材料应按照规定格式和内容申报。包括申报函、申报企业基本情况、申报产品的质量控制措施、申请无公害畜禽产品生产区域平面图、无公害畜禽产品产地环境状况、产地环境检测报告和产地环境评价报告。

申报函应包括产地认定的申请，并确保申请书内填报所有内容真实和有效。愿意向认定委员会提供任何与该申报工作有关的数据和情况，并接受检查和复核。

申请企业基本情况包括：企业全称、详细地址、法人代表、联系电话、主管部门、企业登记情况、职工人数、管理人员人数、经营范围、申报产品品名及商标名、生产规模、年销售量、申报产品主要销售范围、产地环境说明。

申报产品的质量控制措施：它可以是现行有效的行业标准、技术规范、地方标准或企业标准的原件文本。质量控制措施要与产地所生产产品一致。应重点突出在当地生产条件下，生产过程中可能对产品产生污染的农业投入品（化肥、农药、兽药、饲料、生产制剂）的详细使用技术规程，以及保证执行无公害产品标准与规范的声明。

无公害畜禽产品生产区域平面图应有比例尺不同的两幅。图一为无公害农产品生产基地平面图，要求平面图准确标注产地与周边界址，界址用红笔勾画清楚。图二为县（市）级区域图，图中要标注出产地所处的位置，同时标注出产地周围潜在的污染源，周围3千米内企业、交通线及当地的风向图。

无公害畜禽产品产地环境现场检查报告，内容有考察时间、考察地点、考察地的生产规模、产地的自然环境、气象条件、场区的布置、卫生设施、产地周围3～5千米有无“三废”及农业、城镇生活、医疗废弃物污染是否避开水源防护地，风景名胜区、人口密集区等环境敏感地区、大气及饲养、加工用水是否有污染，有无固定环境监测点，现场检查小组对产地环境状况的调查结论；并且需要现场检查小组全体成员签字。一般要求现场检查人员不少于3人。

环境检测报告要有具有资质的机构实地采样。检测报告一律以抽样检测有效，送样检测不作为评价依据。要求附检测单位在实地采样的原始记录复印件，复印件加盖检测单位公章，并由检测单位负责人签名以确认真实有效。无公害畜禽产品产地检测一般包括大气和水。

二、蛋鸭场产品无公害产品认证

（一）什么是无公害产品

无公害产品是指有毒有害物质控制在安全允许范围内，符合无公害产品标准的产品，或以此为主要原料并按无公害产品生产技术操作规程加工的产品。

（二）无公害产品认证程序

1. 实施主体 目前具体的认证工作由农业部农产品质量安全中心畜牧业产品认证中心负责。

2. 申请程序 申请人→省级无公害畜产品认证归口管理部门→农业部农产品质量安全中心畜牧业产品认证中心。

3. 现场检查 主要内容由产地环境、区域范围、生产规模、质量控制措施、生产计划、标准和规范执行情况等。

4. 检测 现场检查符合要求的，认证机构会通知申请人委托具有资质的检测机构对产品进行检测。相关检测机构向社会公布，并实施动态管理。

5. 颁证 认证机构对材料审核、现场检查和产品检测结果符合要求的申请人颁发无公害产品认证证书，证书有效期为3年。

主要参考文献

[1] 国家畜禽遗传资源委员会. 中国畜禽遗传资源志·家禽志[M]. 北京:中国农业出版社,2011.

[2] 王永强,闫益波,李月涛. 蛋鸭标准化规模养殖技术[M]. 北京:中国农业科学技术出版社,2013.

[3] 韦启鹏. 蛋鸭养殖技术问答[M]. 北京:金盾出版社,2010.

[4] 魏刚才,李学斌. 蛋鸭安全高效生产技术[M]. 北京:化学工业出版社,2012.

[5] 李业龙. 冬春季节如何提高蛋鸭产蛋率[J]. 农民致富之友,2015(3):127.

[6] 郭建来. 产蛋鸭冬季饲养管理技术要点[J]. 养殖与饲料,2015(2):30-31.

[7] 幸奠权. 提高冬季蛋鸭产蛋率八措施[J]. 中国畜牧杂志,2015(1):76-77.

[8] 刘忠叶. 蛋鸭高产管理十措施[J]. 农村科学实验,2015(1):30.

[9] 公丕森. 产蛋鸭饲养管理要点[J]. 中国禽业导刊,2014(12):65.

[10] 王立斌,赵学宁. 夏季蛋鸭高产管理技术[J]. 湖北畜牧兽医,2014(4):50-51.

[11] 马淑花. 蛋鸭高产的饲养管理措施[J]. 畜牧兽医科技信息,2014(9):73.

[12] 郭良忠,魏保国,任孝斌. 鸭产蛋期的饲养管理[J]. 畜牧兽医科技信息,2014(9):100-101.

[13] 刘万珍. 蛋鸭高产管理技巧[J]. 农村科学实验,2014(12):30.

[14] 娜日娜. 蛋鸭产蛋期的科学饲养措施[J]. 水禽世界,2014(3):21.

[15] 王桂民. 冬季保持蛋鸭高产稳产九要领[J]. 广东饲料,2014(10):47.

[16] 冯国清. 蛋鸭高产圈养管理措施[J]. 乡村科技,2014(21):34.

[17] 张翠欣. 圈养蛋鸭补钙技巧[J]. 农家科技,2014(9):40.

[18] 李峰,宋文静. 蛋鸭育成期的饲养管理[J]. 养禽与禽病防治,2014(11):21.

[19] 刘万珍. 秋季蛋鸭高产管理措施[J]. 农家参谋,2014(10):19.

[20] 和嘉荣,李春平,雷衡. 光照时长和强度对蛋鸭生产性能的影响[J]. 养殖与饲料,2014(10):7-10.

[21] 傅嘉堃. 蛋鸭的光照管理[J]. 水禽世界,2014(4):17.

[22] 刘丽,姜红岩. 蛋鸭产蛋期饲养管理要点[J]. 水禽世界,2012(3):20-21.

[23] 李德智. 冬季保持蛋鸭高产稳产的技术[J]. 当代畜禽养殖业,2007(10):40-41.

[24] 王伟,吴富安. 蛋鸭饲养管理[J]. 科学种养,2007(12):24-25.

[25] 敖礼林,宋小勇,余定棣. 蛋鸭高产高效饲养技术[J]. 农村实用科技信息,2005(1):28.

[26] 程士祥. 肉鸭和蛋鸭的营养需求特点[J]. 新农村,2014(8):30.

[27] 费杰．产蛋鸭的阶段饲养和调整饲养[J]．水禽世界，2014(1):9-10.

[28] 贾士龙．产蛋鸭的四季科学管理要点[J]．新农村，2014(5):26.

[29] 郑秋玲．产蛋鸭的四季饲养管理技术分析[J]．中国畜禽种业，2014(7):141.

[30] 宋卫涛，朱文奇，李慧芳．"苏邮1号"蛋鸭配套系种鸭人工授精探讨[J]．中国家禽，2014(24):58-59.

[31] 朱文奇，夏新山，韩祥林．笼养和平养蛋鸭生产性能的比较[J]．中国家禽，2015(2):66-67.

[32] 刘雅丽，宋美娥，何世山．蛋鸭笼养的主要优势与问题及饲养管理要点[J]．浙江畜牧兽医，2014(5):78.

[33] 孙时军，舒朝达，周浩．蛋鸭笼养生产的主要优缺点及存在问题调查[J]．浙江畜牧兽医，2014(6):21-22.

[34] 张树华．无公害蛋鸭场环境控制[J]．农家科技，2014(12):39.

[35] 黄学家．蛋鸭常用疫苗的选择和使用[J]．水禽世界，2014(3):32-33.

[36] 王加芹．蛋鸭常用的保健饲料[J]．河南畜牧兽医(综合版)，2014(10):25-26.

[37] 覃思林．蛋鸭啄羽脱肛防制[J]．四川畜牧兽医，2014(6):51.

[38] 王金田．蛋鸭常见病的预防和控制[J]．新农村，2014(6):26-27.

[39] 尹宁，王雅鹏．湖北省蛋鸭产业现代化经营及其可持续发展[J]．农业现代化研究，2014(5):550-555.

[40] 刘风山．我国蛋鸭业前景展望[J]．农业知识，2003(19):5.